U0296845

TANGGUO QIAOKELI SHEJI PEIFANG YU

糖果巧克力

设计、配方与工艺

刘静　邢建华　编著

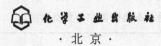

化学工业出版社

·北京·

如何设计产品、多出产品、出好产品，是企业和设计人员所面对的永远的持续的话题。本书从设计的角度出发，以思维导图为工具，整合前沿理念，对糖果、巧克力的基本概念、产品设计进行解读，介绍了硬质糖果、充气糖果、奶糖糖果、焦香糖果、酥质糖果、凝胶糖果、胶基糖果、压片糖果等八大类糖果以及黑巧克力、白巧克力、牛奶巧克力、抛光巧克力、代可可脂巧克力、巧克力威化等六大类巧克力共十四类产品的基本概念、设计思路、配方与工艺，并通过实例对设计和生产中的要点和应注意的问题做了详细说明。

本书将设计思维、实操方法、经典案例和设计经验融为一炉，兼具理论性和实用性，深入浅出，步骤完整，内容详尽，可供从事糖果巧克力生产、科研、教学及新产品开发的技术人员和管理人员参阅。

图书在版编目（CIP）数据

糖果巧克力：设计、配方与工艺/刘静，邢建华编著.
北京：化学工业出版社，2018.1（2023.3重印）
ISBN 978-7-122-30990-7

Ⅰ.①糖…　Ⅱ.①刘…②邢…　Ⅲ.①糖果-食品加工
②巧克力糖-食品加工　Ⅳ.①TS246.5

中国版本图书馆CIP数据核字（2017）第278736号

责任编辑：傅聪智　　　　　　　　　　　　　　　　装帧设计：王晓宇
责任校对：王　静

出版发行：化学工业出版社（北京市东城区青年湖南街13号　邮政编码100011）
印　　装：北京建宏印刷有限公司
710mm×1000mm　1/16　印张12½　字数243千字　2023年3月北京第1版第5次印刷

购书咨询：010-64518888　　　　　　售后服务：010-64518899
网　　址：http://www.cip.com.cn
凡购买本书，如有缺损质量问题，本社销售中心负责调换。

定　　价：48.00元

前言
FOREWORD

糖果、巧克力行业作为我国的支柱零食产业之一，一直保持着较好的增长，潜力市场份额不断扩张，前景诱人。它同时又是市场化程度较高的行业，外资和港澳台资企业、国有、集体、民营、股份制等多种体制企业参与其中，竞争激烈。

竞争与机会共存，挑战与发展同在。

随着人们生活水平的不断提高以及健康意识的不断增强，消费者的购买偏好也在发生变化。人们对健康食品、便利性食品以及全新概念食品的需求得到强化，人们愿意为优良品质、真实原料的产品支付更多的费用；网购食品销售额正在迅速增长，随着手机和购物手机软件的日益普及，这种趋势还会继续加强；个性化巧克力正逐渐增多，在网上异军突起……

在过去的工业化时代，产品需要通过层层商家才能连接到消费者，这样层层传递、层层加码，中间的连接成本巨大。而在网络时代的今天，产品连接顾客的成本非常低，产品就是王道，产品就是广告，一款足够好的产品已经足够撼动整个市场。

在这样的时代背景下，对糖果、巧克力生产企业和技术人员来说，如何设计产品、多出产品、出好产品是永远持续的话题。

基于此，我们以"明道、优术"为指导思想编写了这本书，对糖果、巧克力的基本概念、产品设计进行解读，介绍了十四类产品的基本概念、设计思路、配方与工艺并举例，以方便大家理解。

"明道、优术"就是"把握规律，办事有方"。它是做任何事情都应遵循的基本道理，也是进行产品设计的模式。

"术"是指具体的操作方法，"优术"是指提高实效。本书详细介绍了十四类产品的配方与工艺、实例，包括详细的操作方法、操作要求、工艺参数等内容。这是我们参考了大量资料与实践的优化组合，方便读者拿来就用，并有利于记忆。

如果是单纯地看这类知识，就像钻进树林，感觉树林很大、东西很多，会迷茫，这就需要"明道"，提升思维维度，站到更高一层俯视这片树林，就有整体感觉了，就有趣了。

"道"就是思考方式，就是行为逻辑，它决定格局。"明道"就是明白事物发展的规律，明设计之道，明思维之道。本书讲述了产品的设计原理、设计思路，画出了配方、工艺的思路、框架，有利于把相关的知识串起来，形成一个整体。在此基础上做加法或者减法，可以是博采众长，也可以是精深细微，就形成自己的道了。

如果说"术"是血肉，"道"就是骨架；如果说"术"是"鱼"，"道"就是"渔"。道术结合，相得益彰；道术相离，各见其害。"道为术灵，术为道体；以道御术，以术弘道"。

当然，这个模式是用来打破的，当我们了解到它的局限性和原因的时候，我们就找到扩展思维的方法和方向了，这就进入了"建立→打破→建立"循环往复、螺旋上升的过程。

另外，我们已经出版的几本书可以作为本书的延伸读物，它们是：《保健糖果：设计、配方与工艺》《食品配方设计7步》《畅销食品设计7步》。

本书在编写过程中参考了众多的资料文献以及专利文献，在此向每一位文献作者表示诚挚的感谢！

由于糖果、巧克力的技术发展迅速，所涉及的内容繁多，书中难免有不妥和遗漏之处，敬请各位专家、同仁和读者批评、指正（fpxjh@163.com），以便我们以后修改、完善，在此深表感谢！

刘　静　邢建华

2017.10

目 录
CONTENTS

第一章
糖果、巧克力设计概论

Chapter 01

糖果、巧克力设计是指糖果、巧克力产品的开发设计，通过有计划、有组织的创造活动，使设计的成果作为商品进入市场，为广大顾客所认可、接受。

我们不要把它看得高深莫测，它是有规律可循的。

产品的发展存在着共性和个性，共性决定产品的基本性质，个性揭示产品之间的差异性。我们需要在借鉴的基础上，把握共性规律，突出个性创新，就能形成自己的设计特色和模式。

本章的内容如图1-1所示，是务虚的，有助于认清形势，进行宏观把握。后面各章是务实的，落实到具体产品上。

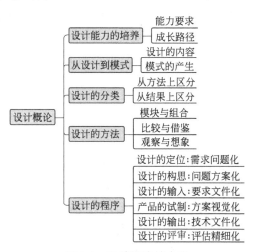

图1-1　设计概论的内容

第一节　设计能力的培养

糖果、巧克力设计对企业来说至关重要。设计人员的能力是其胜任设计工作的主观条件，对于发挥自身水平具有决定性的意义。

一、能力要求

作为一名设计人员，必须有独特的素质和设计技能，也就是说，通常都能够完成产品设计任务。设计人员的能力主要包含两个方面：基本能力和行动能力。

1.基本能力

具备创新思维、自我提高、自我探索、相互合作的能力和在设计中发现问题、分析问题、解决问题的能力。

这些是基本的，也是最重要的素质，不论这些素质是先天存在的还是后天培养训练的，将决定设计人员的客观条件和可塑性程度。

2.行动能力

除了具备基本能力以外，还要拥有一定的行动能力。行动能力包括设计构思能力、设计配方与工艺的能力、实验动手能力。

基本能力是解决问题的基础，行动能力是完成设计任务的操作表现。

另外，设计人员还要拥有与设计有关的广泛的专业知识，能够应用各方面的研究成果，实现其综合价值。

当然，设计人员并不是天生就具有这些能力，而是通过对自身的培养，丰富视野和身心，从而达到更高的境界。

设计能力的培养是设计人员需要迈过的一道门坎。所谓门坎，迈过了就是门，迈不过就是坎。

二、成长路径

1.热爱与执着

热爱是产生巨大能量的源泉，执着是取得成功的基石。

热爱与不热爱的差距在于，前者是心甘情愿地去做一件事情，不仅能做好，还愿意去思考、去探索。热爱可以驱动好奇心，好奇心是前进的最大动力。工匠为什么能坚守本行，其中有乐趣，不为浮躁之人所知。

执着是一种敬业精神，包括坚强的意志、锲而不舍和不倦思索的精神、苦心探索的韧性。成功者可以说："文章本天成，妙手偶得之。"但是这个具有高超技艺的"妙手"并不是在一朝一夕能练就的，它必然是设计者智慧和经验的积累，包含着多次的失败、挫折、付出。只有锲而不舍、孜孜不倦、努力探索，才能通往成功之路。

2.学习和实践

设计能力的提高是在不断地学习和实践中完成的，量的积累非常重要。有热情，就要付诸实施，在学习与实践的过程中，去吸收营养、积累经验。让自己沉浸到产品里面去，这是工作，这是修炼，这是成长所必需的。用知识和技术武装自己，找到专业领域当中的美感，培养出专业精神和职业倾向。对于好设计的敏感是一种职业习惯。

把这种人生阅历变成自己的设计素材，让它们在大脑里进行分析、整合、重组，让它们成为一种潜意识，一旦设计时，它们就会源源不断地激发出来，成为设计者的宝贵财富。

3.勇于创新

领袖和跟风者的区别就在于创新。创新意味着不断地推陈出新，设计过程就是一个新设想孕育、诞生的过程，包含了设计者的独特见解和特定含义。创新意味着又破又立，是对传统的批判、继承和发展，也预示着未来的发展趋势。

"太阳底下无新事"，创新通常都不是惊世骇俗的，都隐含在我们既往的生活和意识当中。我们通过对既有事物的洞察、解构、重新组合，就有无限的可能性。它要求设计者善于思考，勇于探索，从日常工作中的"形而下"上升到"形而上"，不断地培养自己的逻辑思维能力，以更敏锐的眼光和正确的判断力不断挖掘新的闪光点，就可以化渺小为伟大，化平庸为神奇。

4.跨界与整合

设计还需要开阔视野，走出去，拥有广阔的信息来源；触类旁通是学习设计的重要特点之一。

如果你要在一个领域里做得特别出色，就必须从其他领域里汲取灵感和素材。对各方面知识的理解与整合，对设计人员的学习和理解能力而言尤为重要。创造力其实就是一种把事情连接起来综合成全新事物的能力。

当你到达某个高度之后，就需要更加全面地考虑整个产品层面的内容，对于整个产品思路以及顾客需求都有非常敏锐的直觉，就能够了解到最核心的东西了。

瓶颈只是暂时的，只要累积的营养足够充分，在某一触点上，自然而然地就会厚积薄发，从而享受到取得成果的喜悦。

第二节 从设计到模式

一、设计的内容

糖果、巧克力设计属于产品开发设计，主要内容是配方设计和工艺设计。

配方设计，就是根据产品的性能要求和工艺条件，通过试验、优化、评价，合理地选用原辅材料，并确定它们的用量配比关系。这是解决做什么的问题。

工艺设计，就是决定采用什么样的设备和工艺装备，按照怎样的加工顺序和方法来生产这种产品。这是解决怎样做的问题。

配方设计和工艺设计其实是一个问题的两个方面，只有从这两个方面进行解读，"花开两朵，各表一枝"，就能把事情梳理清楚。这两者相互联系而存在，相辅相成，相互促进，缺一不可，可以说，产品设计就是依靠这两条腿走路的。

二、模式的产生

对于糖果、巧克力设计，一般有两种认识：一种是传统的认识，认为设计依靠的是设计者的经验、感觉、灵感、直觉，是不可传授的；另一种认为它是一门科学，可以通过严谨的分析、研究、推理、实验等方法来解决问题。这两种认识是在发展过程中所形成的。

随着科学技术的发展以及人们大量的实践活动，后一种认识逐渐成为主流，设计模式就产生了。

1. "有法"与"无法"

设计有法，法无定法，贵在得法。因为设计是一项有规则的自由活动，既有科学的内容，必须按一定的程序进行，遵循必要的原则，完成特定的任务，但它又应该依据具体的内容、具体的对象灵活实施，变革创新。也就是说，设计既要注意体现规律性，又要讲究创造性，在"有法"（遵循规律、原则）与"无法"（灵活操作）之间"自由活动"，完成设计任务。

"有法""无法"只是在特定时空下对待设计的一种态度。

"有法"：守常。遵守基本规律，这是设计工作开展的前提，否则没有扎实有效的基础作为支撑，整项工作就是空中楼阁、海市蜃楼。

"无法"：变革。佛家主张不应该执著于"法"。《金刚经》说："法尚应舍，何况非法。"并进一步说："譬如筏喻。"这里把"法"比喻成船，在过河的过程中，法是"筏"，是工具；过了河，还执著于"筏"有什么用呢？

设计的基本原则必须遵守，但到具体实施、操作方法、手段，则不可僵化固定，否则，设计工作就陷入机械化、程式化的泥潭，难以推陈出新。设计不能降格为千篇一律的机械重复，而应将它上升到更高的层次，不囿古法自创其格，我用我法自由创作，常中有变，变中守常，打破界限，解放思想，让产品设计灵动精彩，充盈创新因子，充满个性色彩，焕发生机活力。

设计之妙，存乎一心。只要我们顺应规律，大胆创新，灵活变革，就能在"变"与"不变"、"有法"与"无法"之间自由活动，实现产品设计的原则性与变通性、规律性与多样性、科学性与艺术性的统一，增强设计的实效性。

2. 分解与组合

这两种方法的方向正好相反，分解是将整体分解为部分，而组合是将部分组合成整体。分解和组合经常结合在一起使用，实际就是拆了装、装了拆，如同玩玩具一样，只不过每一次拆装都有具体依据。

关系与类型是其中的主要元素。分解时尽量切断各种关系，将一个大的事物分解为不同类型的小事物；而组合是拉关系，通过关系将不同事物组装在一起，将相同类型的事物合并成一组类型。

分解组合实际是一种重建方法，将设计中的框架分解为一个个基本元素，然后再使用"关系"将它们组合在一起，形成一个稳定的组合，形成的组合就是一种新的状态，设计就孕育其中。

3.设计模式

"有法"之守常，是有基本规律的；"无法"之变革，也有规律可循。通过分解与组合，就能形成整体思维。这样，我们就能找到产品设计的模式。

模式是解决某一类问题的方法论。把解决这类问题的方法总结归纳到理论高度，就是模式。这样的设计模式是一套被反复使用的设计经验的总结。

运用设计模式可以解决设计工作中的很多问题，每种模式在现实中都有相应的原理来与之对应，每一种模式描述了一个不断重复发生的问题以及该问题的核心解决方案，这也是它能被广泛应用的原因。

设计模式是一种指导，在一个良好的指导下，有助于我们完成设计任务，有助于我们做出一个优良的设计方案，达到事半功倍的效果。

第三节　设计的分类

方法决定结果，我们可以从方法、结果来对设计分类，如图1-2所示。

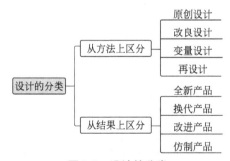

图1-2　设计的分类

一、从方法上区分

从方法上区分，设计可以分为以下几类。

1.原创设计

原创设计也称创新设计，是指对给定的任务提出全新的具有创造性的解决方案，这是一种发明创造。

原创设计是对既定参照产品的怀疑与否定，是在刷新固有的经典套路之后，呈现出破土而出的生命气息，展现某种新的体验；原创是新的存在，是新的经典的原型，具有集体共识的社会价值。

2.改良设计

在现代汉语词典中，关于"改良"是这样解释的：一是去掉事物的个别缺点，使其更符合要求；二是改善，在原有的基础上对事物加以修改和改变，其最终目的都是使事物更符合某种要求。

由此可见，改良设计的含义就是在原有设计的基础上进行修改和改变，使改良过的产品更加适合人们的需求。它基于原有产品的基础，对原有传统产品进行优化、充实和改进，并不需要做大量的重新构建工作。

所以，产品改良设计以考察、分析与认识现有产品的基础平台为出发原点，对产品的"缺点""优点"进行客观的、全面的分析判断，扬长避短，创新发展。为了使这一分析判断过程更具有清晰的条理性，通常先将产品整体分解，然后对其各个部位分别进行分析。在局部分析认识的基础上，再进行整体的系统分析。

改良设计也存在着一定的单调性，虽然在不断地改变，其实没有太多的发展与突破。

3.变量设计

变量设计又称改型设计，是指改变产品某些方面的参数（如形态、材料），从而得到新的产品。它通常不改变原有产品的结构，只对其中的子系统做相应调整，这种方式常用于系列产品及相关产品的设计。

如做硬糖，通过香精、色素的改变，设计出一系列产品，如苹果味硬糖、草莓味硬糖、柠檬味硬糖等；做低度充气糖果，也可以这样设计出一系列产品。就像拿捏一个真实的材料做面团一样，可以随意塑造不同形态的产品，这中间的设计过程是相通的。

4.再设计

简单来说，再设计就是再次设计，但再设计是一种全新的设计风格。它是将原有的设计陌生化，目的是为了唤起人们对设计的正确认识，从而找寻设计的本质。陌生化不仅是体现在外观形式上的陌生化，它的目的是通过再设计给人们带来陌生、新颖的突破感，在设计的过程中构建人类能够共同感受到的价值观或精神，由此引发共鸣。

从无到有，当然是创造；但将已知事物陌生化，更是一种创造。它是对原先设计的一种批判，通过对已知设计进行审视，找寻设计本身的不足，创造出新的设计思路。

再设计追求的是回到原点，寻找设计的意图，发掘设计的本质，是将原有的设计打破并重新进行设计的过程。再设计可以基于事物本身进行改进，也可以利用一种事物通过再次设计创造出另一种事物。

例如，特浓硬质奶糖就是对传统奶糖的再设计，从而创造出崭新的感受。

二、从结果上区分

设计的结果可以分为以下几类。

1.全新产品

全新产品是指应用科技新成果，运用新理论、新技术、新工艺、新材料制造出市场上前所未有的产品。全新产品一般是由于科技进步或为满足市场上出现的新的需求而发明的产品，具有明显的新特征。全新产品很难研制，一旦开发成功，将会带来巨大利益。

全新产品的体现方式有以下几种。

① 全新产品类别　为显示产品的创造性，重新命名一个产品类别。

② 全新产品名称　通过产品名称达到证实产品全新的目的。

③ 全新产品外观　要让消费者直观地感受到产品的差异性，包括产品的外观设计表达，甚至外包装都要以全新的面貌出现。

④ 全新宣传表达　宣传方式、记忆符号、色彩、标示等，各方面都要表达出产品概念的全新。

2.换代产品

在原有产品的基础上，部分采用新材料、新技术而制成的性能显著提高的产品。由于这类产品性能比原产品显著改善，具有较好的市场潜力。

在开发换代产品中应注意以下两点。首先要善于发现现有产品的重大缺陷，这是开发换代产品的前提条件。没有这个前提条件，就不可能开发换代产品，因为企业不知从何处对现有产品进行革新。只有发现了现有产品的重大缺陷，才可能进行革新和改良，开发出换代产品。其次，要使产品质量达到一个新水平。因为换代产品是对现有产品的更新换代，所以其质量、性能必须"青出于蓝而胜于蓝"，不能"一代不如一代"。

开发换代产品是企业开发新产品的重点，也是市场上大量新产品的来源。

3.改进产品

改进产品是指在原有老产品的基础上进行改进，改进现有产品的性能，提高其质量，增加款式和花色、品种而制成的新产品。这类产品与原产品差别不大，易为市场迅速接受，但竞争者易模仿，竞争更为激烈。

改进产品的开发也具有重要意义。一般来说，一个全新产品从构思到投入市场需要相当长的时间，企业需要为此承担较大的风险。因此，尽管新产品是市场中的佼佼者，但它毕竟是少数，而更多推向市场的产品都是在已有老产品的基础上，不断改进、完善、提高而开发出的新产品。

4.仿制产品

仿制产品是指企业还没有但市场上已经存在，而企业加以模仿制造的产品，称为本企业的新产品。这类产品，由于生产技术已公开，有能力的企业均可生产，因此仿制品的竞争是全方位的。开发这种产品不需要太多的资金和尖端的技术，比研制全新产品容易得多。

仿制产品的作用：有利于寻找市场空间，能快速提高企业竞争实力，增加销售收入。

其开发原则是：根据市场需要开发适销对路的产品；从企业实际出发确定开发方向；注意新产品开发的动向。

第四节　设计的方法

设计方法是一个通用的理念，内容如图1-3所示。设计过程也是创新的思考过程，也需要有关方面的资料或者有关条件，对各种设计的元素进行组合、加工、提炼、综合，创造出新的思想、新的概念和新的产品。

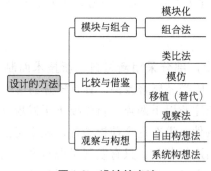

图1-3　设计的方法

一、模块与组合

1.模块化

模块化是指解决一个复杂问题时自顶向下逐层把系统划分成若干模块的过程，有多种属性，分别反映其内部特性。

在系统的结构中，模块是可组合、分解和更换的单元。模块是模块化设计和制造的功能单元，具有三大特征：

① 相对独立性　可以对模块单独进行设计、制造，这便于企业分别进行生产。

② 互换性　模块的参数标准化，容易实现模块间的互换，从而满足更大数量的不同产品的需要。

③ 通用性　有利于实现横系列、纵系列产品间的模块通用，实现跨系列产品

间的模块通用。

2.组合法

运用创造性思维将已知事物珠联璧合，以产生新的功能，实现异质同化、同质异化，即把陌生的东西变为熟悉的东西，把熟悉的东西变为陌生的东西。

基本方式：

① 功能组合——指多种功能组合为一体的产品。

② 材料组合——通过某些特殊工艺将多种不同材料进行适当组合，满足特殊需要。

③ 同类组合——将两个或两个以上同类事物进行组合，用以创新。

④ 异类组合——将两个或两个以上异类事物进行组合，进行创新。

⑤ 主体添加——以某事物为主体，再添加另一附属事物，实现创新。

二、比较与借鉴

1.类比法

把两类事物进行比较，相互启发，从比较中找到相似点或不同点，并进行逻辑推理，在同中求异或异中求同中实现创新，把本质上相似的因素作为提示来进行设计，以便创造性地解决问题。

基本方式：

① 相似类比——一般指形态上、功能上、结构上的相似。

② 因果类比——由某一事物的因果关系推出另一类事物的因果关系。

2.模仿

① 直接模仿，是对同类产品进行模仿。

② 间接模仿，最常见的形式是功能上的模仿。

3.移植（替代）

移植类同于模仿，但不是简单的模仿。移植是借用已有的技术成果，引用、渗透到新的领域，这是在新的目的下的移植、创新，是移花接木之术。也称为替代，在产品设计开发中，用某一事物替代另一事物。

基本方式：

① 原理的移植——将某种科学技术原理向新的领域类推或外延。

② 方法的移植——指操作手段与技术的移植。

③ 结构的移植——指结构形式或结构特征的移植。

④ 材料的移植——新材料的推广。

三、观察与构想

1.观察法

创造性观察是一种有目的、有计划、有步骤的感知活动，观是指用敏锐眼光去看，观察是指用科学思维去看、去想。

（1）观察三要素

① 观察者——应具备科学知识、实践经验、观察技法。

② 观察对象——观察物体的结构、形态、位置等；观察事件的发生、发展、运动过程等；观察事物的起源、发生、结果，即在整个过程中出现的变化。

③ 观察工具——应有利于扩大观察范围，获得可靠、准确的观察结果。

（2）观察基本方式

① 重复观察——对相似或重复出现的现象或事物进行反复观察，以捕捉或解释这些重复现象背后隐藏的、被掩盖的、没有被发现的某种规律。

② 动态观察——创造条件使观察对象处于变动状态（改变空间、时序、条件等），再对不同状态下的对象进行观察，以获取在静态条件下无法知道的情况。

③ 迂回观察——当正面观察受阻时，可采用迂回方式，从两翼或外围入手进行观察，可能会有所发现。

2.自由构想法

自由构想法是通过充分调动设计者的潜在想象力，让其无拘无束，自由发挥，提出设计构想。常用的有头脑风暴法、希望点列举法等。

（1）头脑风暴法

头脑风暴法又称为智力激励法，是美国BBDO广告公司的副经理奥斯本提出的一种创造技法。头脑风暴（brain storming）原是精神病理学上的术语，指精神病患者精神错乱时的胡思乱想，这里转义为无限制的自由联想和讨论。

头脑风暴法是设计构思中广泛应用的一种行之有效的方法。该方法以小组会议的形式实施，这种会议通常由5～10人参加，设一名记录员。

主持人应对要解决的问题十分了解，头脑清晰、思路敏捷、作风民主，既善于营造活跃的气氛，又善于启发诱导。其他人当中最好有几名知识面广、思想活跃的人，防止会议冷场。会议一般为一小时，会址要环境适宜。

与会者根据下述原则发言：①禁止批判——不得批判他人的意见；②自由奔放——越是自由奔放和新奇越好；③踊跃发言——什么都行，大量发表意见；④借题发挥——巧妙地利用他人的想法，在其基础上提出更新奇的想法。

头脑风暴法的若干原则，根据情况不同有所变化和发展，但都是以下列两项最基本的原则为基础的。

第一条基本原则是推迟判断，即不要过早地下结论，以避免束缚人们的聪明才华、想象能力，甚至熄灭创造性思维的火花。因为人们的潜意识有时深藏在头脑中，需要等到一定的时间和触媒的作用，才能闪现出来。所以，推迟判断才能使出奇的创造性思维火花点燃和闪现。

第二条基本原则是"数量提供质量"，人们提出的设想越多，解决问题的可能性越大。奥斯本认为，在设计构思过程中，初期提出的设想往往不理想，后期提出的设想往往具有较高的实用价值。因此，要求人们尽量提出各种设想，设想越新奇、越多，越能得到质量高的方案。

（2）希望点列举法

希望点列举法不仅仅是围绕现有产品进行改进设想的被动型方法，而是一种从设计者或用户的意愿出发提出新设想的主动创新的方法，列举、发现或揭示希望有待创造的方向或目标。

希望点列举法的提出是基于如下原理：人们的愿望永远不可能完全得到满足；一种需要满足之后，还会提出更高的需求；一种产品的出现也会激发出更多的需要。这种不满足是推动人们不断去发明创造的重要动力。此外，人们有丰富的想象力，对美好事物的想象、憧憬和期望是人的天性，它可以引导人类去开辟新的活动领域。

3. 系统构想法

系统构想法是针对所设计的产品，系统地、有目的地设问，提出问题；详细列举产品的各种特性，打破传统思维的束缚，扩展设计思路，以便在全面分析的基础上寻求更多的解决方案。

该方法的特点在于：第一是它的目的性、强制性，即要求设计者有意识地按一定规律努力去做，而不是随机地想到什么就设计什么；第二是全面性，即全面地提出设想，全面地罗列设计对象的所有特性。该法的优点是能帮助人们克服感知不敏锐的障碍，促使人们全面系统地思考和认识问题。

系统构想法通常包括以下三种方法。

（1）奥斯本设问法

奥斯本设问法的关键环节是发散思维。为了扩展思路，奥斯本建议从不同角度发问。他把这些角度归纳成九个方面，并列成一张目录表，针对创造目标，以提问表格的形式，根据提问要点逐个审核、讨论，使创造者全面系统地考虑各种问题。

提问要点：①能否他用；②能否借用；③能否改变；④能否扩大；⑤能否缩小；⑥能否代用；⑦能否调整；⑧能否颠倒；⑨能否组合。

（2）属性列举法

属性列举法也称特性列举法，由美国的大学教授克罗福德于1954年正式提出，其做法是：先把所研究的对象分解成细小的组成部分，各部分具有何种功能、特征、属性、与整体的关系、连接等，尽量全部列举出来，并做详细记录。然后按照名词特性（物质、材料、性质、整体、部分、制造方法等）、形容词特性（颜色、形状、感觉等）和动词特性（有关功能、动作和作用的性质等）加以分类。详细分析每一特性，提出问题，改进或转换材料、结构、功能等，确定构思方案，以满足人们的需要。

（3）5W2H法

5W1H法是美国陆军部首创的提问方法，以后又发展为5W2H法。其具体做法是：针对某个要解决的问题或设计的产品，从以下角度系统提问。

① Why（为什么）——为什么要设计这种产品。

② What（做什么）——这种产品是做什么的；有何种功能。

③ Who（何人）——为谁设计，即产品的使用对象。

④ When（何时）——产品的使用时间、设计时间。

⑤ Where（何地）——产品的使用环境。

⑥ How to do（如何做）——怎样设计；结构如何；材料如何；颜色如何；形状如何。

⑦ How much（多少）——做到什么程度；数量如何；质量水平如何；费用产出如何。

第五节　设计的程序

糖果、巧克力的产品开发设计是一个复杂的过程，一般都是分阶段、分步骤进行的，大致包括以下几个具体步骤。

一、设计的定位：需求问题化

设计的定位决定设计的方向。没有方向的船，怎么航行都是在走错误的航线；把握方向，才能把握成功。

设计定位，是设计准备，即设计前的文字理论准备工作。这是将顾客需求转化为设计问题、进而确定设计定位的阶段。

定位不解决，其他的都是成本。定位是钉子，设计是锤子，设计的最终目的是将钉子钉进顾客心智中。

作为设计，首先应该明确人们到底需要什么，其次才是设计什么东西以及怎样生产出来。对设计来说，最重要、最困难的是第一个问题，确定顾客及社会的需求，只要需求是合理的，不管技术上有何难关，都可以想办法克服，最终把产品制造出来。

设计要体现市场需求，把握消费需求，适应市场价格需求；让设计成为产业链的始端，让设计满足市场消费者的需求，让设计满足产业落地的可能。

因此，在设计准备阶段必须进行广泛的调查研究，围绕产品与顾客进行调查研究。进行调研，需要把握以下三点。

第一，调研首先必须充分地占有材料，没有材料就无法进行研究。而这个材料在我们具体的研究中就是问题，需要占有与问题相关的一些既有理论与素材。

第二，是通过对这些材料的不断分析与综合，找到这些材料的内在联系。

由此，第三，一旦我们把这个工作做了以后，才能够显示出鲜活的内在逻辑、一个好像存在的先验结构，由它来呈现出逻辑。

所以说，前两个环节或步骤是不可或缺的，而第三步是它们最终的结果。

调研主要包括：

① 设计调查　包括对顾客的调查、对产品特性的调查、对食用感受的调查等内容。

② 市场调查　包括对同类产品在市场上的表现调查、市场饱和度的调查等。

③ 竞争调查　包括对竞争对手的产品策略的调查、销售手段的调查、广告策略的调查等。

这是定位的前提条件，没有这些，定位就是无本之木、无源之水。

通过充分的调查分析，找到开发产品的突破口，找到顾客对新产品的潜在需求、现有产品尚需完善的地方等内容，找到提高产品价值的方法，从而形成关于新产品开发定位的描述——这是直观的表现结果。清晰的产品定位是新产品设计成功的前提。

二、设计的构思：问题方案化

这是整个设计过程的触发点。

首先要对出现的新产品提出最初概念，这种概念可以是新产品的具体形式、可能的技术应用或者顾客的需要。

在这个活动中，大家起初都是流于一般的、模糊的和概念上的认识，随着认识的不断深入才逐渐趋于某一具体的目标。

在此阶段，企业无论是采用逆向工程还是顺向工程的策略，都要通过各种创新设计的手段，制订出数量众多的新产品设计方案，然后需要对这些设计方案进行优化工作，也就是通过多个方面的评价、取舍与修改，最终确定新产品的设计方案。

进行设计构思，将问题方案化，需要汲取消化同类型优秀设计的精华，实现新的创造。

① 文献研究——了解"问题"的研究与实践状态，要真实、全面、前沿。

产品设计过程如同建一座塔，要建好塔，首先必须要有一个大而牢固的基础，要了解本行业已经具有哪些理论资源，对问题进行了哪些分类、哪些探索，又有哪些基本共识的结论，以及既有的理论资源与实践经验中又有哪些不足和缺陷。这是我们向前走的一个不可疏漏的环节和条件，这是一个硬规定。

要进行设计，就要先了解别人进行了什么样的设计。要继续这个研究与实践，就要了解这个问题的由来，了解其他人的既有研究与实践，这是一个基本要求。

② 在既有研究与实践的基础上，这个问题新的突破点在哪里，可能会展现出什么样的新的空间，这是研究实践中要显现出"我"的一个关键所在，要以"我"的技术张力来展现这个新的空间。

③ 实际操作，找差距，选路径，根据目标去配置资源，形成方案。

用刀片把圆柱一样的问题一片片、一块块、一层层地切割出来、展现出来，把所有选项都列出来，然后针对每一个选项进行推演，这是一个功夫。

我们坐而论道很难去体会它，而是要不断去切，不断试错，大胆试错，不断自我反思、自我批判，最后就会得到成长和提升。我们一旦掌握了一定的方法，那么就开始走向一个自我、自主、自足的途径。

三、设计的输入：要求文件化

设计输入是指用文件表达产品的一系列技术要求并作为设计依据的过程。

在编制设计输入文件时，应对影响产品设计过程的输入进行识别，获取充分的设计输入信息，以满足相关方的需求和期望。

设计输入按照信息来源具体可分为：

① 内部输入，如方针、标准和规范，技能要求，可行性要求，现行产品的文件和数据，其他过程的输出等。

② 外部输入，如顾客或市场的需求和期望，合同要求和相关方的规范，相关的法律法规要求，国际或国家标准，行业规则等。

③ 那些对确定产品或过程的安全性和适当功能至关重要的特性的输入，如物理参数等。

设计输入必须形成文件，规定所有有关的设计输入，可包括产品的适用性要求（产品性能、感官特性）、适用标准或法规、包装要求、原料工艺要求、产品等级、生产纲领、以前类似设计提供的适用信息和设计各个阶段的项目、时间、人员安排以及验证、评审要求等。

设计说明文件中应尽最大可能使所有要求定量化，以奠定设计基础，并为设计提供统一的方法，还应包括评审的有关结果，以及为满足法规要求所采取的措施。

四、产品的试制：方案视觉化

这是将设计转变成样品、产品的阶段。

1. 样品试制

在样品的试制过程中，可能会有些材料、工艺等一时不能实现，要求现场修改、调整设计，适应实际需要，直到完成样品制造。

样品的试制，是验证产品的色、香、味等质量及主要工艺等，检验产品设计的可靠性和合理性，并找出设计工作中的错误和缺点，以便进行修改，积累有关工艺准备方面的资料，找出关键工序，采取措施，为以后的工艺修改工作做好准备。

样品的试制，只编写简单的工艺文件，采用必要的工艺装备或用实验室的设备进行。试制完毕，应进行全面检查、试验与调整。对发现的问题及时调整，直至样品大致符合设计要求，即可进行样品初步鉴定。

2.小批试制

小批试制的目的主要在于验证工艺和掌握生产，考验用正规的工艺规程和工艺装备制造时产品性能和质量的变动程度。

小批试制前，应根据正式生产的要求编制所需的全部工艺规程，设计和制造全套工艺装备，对于关键工艺要提前进行工艺试验，积累经验和技术数据，掌握正式生产的工艺方法。在试制过程中，还应从成批大量生产的观点出发，验证和改进工艺规程的合理性，发现工艺装备在设计和制造上的缺点，对工艺规程和工艺装备进行修改补充，并将成批大量生产工艺规程确定下来。

五、设计的输出：技术文件化

设计输出是用于采购、生产、检验和试验的最终技术文件。这些文件被实施，应能使产品满足顾客和其他相关方的需求和期望。

设计输出文件有如下一些要求。

① 每一设计输出阶段都须明确应形成的文件。如产品技术条件、产品出厂试验条件、采购标准、产品质量标准、技术要求、工艺文件、检验规范等。

② 每一输出文件都须满足设计输入要求，并且可针对设计输入要求进行验证。

③ 在输出文件中应规定或引用评价产品和过程的检验方法以及验收准则。

④ 每一输出文件都须符合有关法规和标准的要求（不管输入信息中是否有规定）。

⑤ 为采购、生产提供适当的信息，如工艺流程、作业指导书等。

⑥ 每一输出文件发布前应进行校对、审核、批准三级审签制度，以确保设计输出文件的完整、准确、协调、统一、清晰。

⑦ 必要时应确定设计输出文件评审点，在输出文件发放前组织评审。

六、设计的评审：评估精细化

设计评审是指为了确保产品设计的适宜性、充分性、有效性和效率，以达到规定的目标所进行的活动。

设计评审的目的是及早发现并预防设计问题，采取纠正措施，避免先天性不足，保证最终设计和有关文件资料满足顾客要求。做到精细化，才能保证设计的各项要求履行到位。

设计评审的对象是每一设计阶段形成正式文件的设计结果。设计评审时机可选在设计过程的任一阶段进行，但宜在每一设计阶段完成后进行。

设计评审的内容可包括：设计产品的可行性、可靠性、安全性、可计量性、经济性、寿命以及寿命周期、成本等。在不同的设计阶段，评审内容应确定，并且突出重点。设计评审未通过时，应致力于解决未通过的焦点问题，在未解决前，不得转入下一设计阶段。

通过以上程序之后，即可进入生产前的准备工作，准备成批或大量生产新产品，实现其商业价值。

第二章

硬质糖果：设计、配方与工艺

Chapter 02

硬质糖果是糖果中的一个大类品种，量大面广，是全国食品工业产品的主要品种之一。

硬质糖果作为一种传统商品，能长期消费而又历久不衰，原因在于它具有其他糖果所缺少的魅力，这种魅力形成其风味特色——鲜明的色泽、微妙的质构、优美的香味以及稳定的货架寿命。

硬质糖果是糖果中的一种基础类别，它的基本概念与操作具有代表性。本章内容如图2-1所示，多数概念与操作在本章讲述，举例为两种代表性产品。

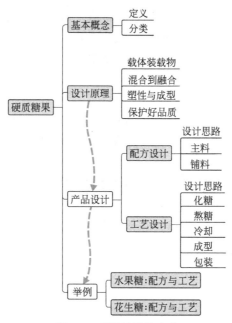

图2-1　硬质糖果的内容

第一节 硬质糖果的基本概念

一、硬质糖果的定义

硬质糖果，简称硬糖，通常是以多种糖类（碳水化合物）为基体组成，经过高温熬煮、脱水浓缩而成。在常温下，它是一种坚硬易脆裂的固体物质。

现在发展起来的无糖硬糖，通常是以糖醇（包括木糖醇、山梨醇、麦芽糖醇、甘露醇等）替代糖类作为基本组成来生产的硬质糖果。

二、硬质糖果的分类

硬糖的种类很多，划分方法也多，按不同的思路和维度来划分，就会得到不同的归类和结果，这有利于发散思维，对设计有所帮助。分类方法可以是个性化的，不需要得到大众的认可，有利于自己思考就行了。例如：

1.按工艺方法划分

① 透明型　如各种水果味、薄荷、桂花硬糖等。

② 夹心型　例如酱心糖（橘子、菠萝、桃子、巧克力、苹果等夹心糖）、粉心糖（果味、可可等夹心糖）。

③ 丝光型　如各种拷花糖等。

2.按主要原料划分

① 砂糖、淀粉糖浆型　以白砂糖、淀粉糖浆为主要原料制成的硬糖。

② 砂糖型　以白砂糖为主要原料制成的硬糖。

③ 无糖型　以糖醇为主要原料制成的硬糖。

3.按调香方式划分

① 加香硬糖　以香精进行调香的硬糖。

② 原味硬糖　不添加或很少添加香精，突出天然原料的自然香味，或由天然原料在生产过程中相互作用产生的具有特殊自然风味的硬糖。

第二节 硬质糖果设计原理

硬糖的设计原理如图2-2所示，分为四个方面。

一、载体装载物

1.载体

载体即产品的主体，起着加载、负载的功能。

就硬糖而言，其主要成分比较单一，基本上就是在白砂糖与淀粉糖浆、糖醇之

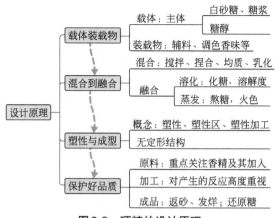

图2-2　硬糖的设计原理

间选择。

2.装载物

装载物就是在主体部分的基础上添加的各种辅料，包括香料、调味料、色素等，赋予产品不同的色泽、香气、滋味，产生各种不同性状，就形成了具有不同特色的产品。

二、混合到融合

从混合到融合，是使所有的原料最终形成一个均匀的、有机的固体物质。

1.混合

混合是在外力的作用下，使多种原料相互分散，从而达到均匀状态的操作。不同物料经过混合所达到的分散掺和的均匀程度，称为混合程度。

混合的方法主要有：

① 搅拌　将液体、气体或固体粉粒分散到液体中去的一种最常用方法。

② 捏合　即用机械或手工方法混合糊状或高黏度物料。

③ 均质　也称为匀浆，它是固-液或油-水混合的手段。首先形成悬浮液或乳化液，然后通过均质对体系中的分散物微粒化、均匀化处理，降低分散物尺度，提高分散物分布均匀性，从而使物料能更均匀地相互混合。

④ 乳化　将一种液体以极微小液滴均匀地分散在互不相溶的另一种液体中。它是液-液界面现象，两种不相溶的液体，如油与水，在容器中分成两层，密度小的油在上层，密度大的水在下层。如果加入适当的乳化剂，在强烈的搅拌下，油被分散在水中，形成乳状液，这个过程叫乳化。

2.融合

融合是将不同的原料融为一体。

在这个过程中，用到最普通的溶剂——水，它透明、无色、无味，不会与溶质发生化学反应。

融合的过程，是使用溶剂——水，将固体原料溶化，将液体原料混合，形成均匀的液体，然后通过蒸发将溶剂除去，留下被溶物。融合过程中的两个关键操作是溶化、蒸发。

在生产过程中，这个过程称为熬糖工段，简称熬糖段。溶化称为化糖，蒸发称为熬糖。

（1）化糖

化糖即用水把白砂糖、淀粉糖浆溶化成糖液，可以通过加热促进溶解。

我们需要了解白砂糖的溶解度，由此确定加水量和加热温度，并留有余量。

所谓溶解度，是指在一定温度下，某固态物质在100g溶剂中达到饱和状态时所溶解的溶质的质量，叫作这种物质在这种溶剂中的溶解度。物质的溶解度属于物理性质。

（2）熬糖

熬糖，也称为熬煮，是糖液的蒸发、浓缩过程。硬糖是经高温熬煮而成的糖果，干固物含量很高，约在97%以上。

在排除多余水分的同时，糖液始终处于高温状态下，物质内部的分子产生比较剧烈的运动。因此在熬糖过程中，特别在熬糖的后期，出现了比较复杂的物理和化学变化。若掌握不好，就会出现次品和废品，并影响生产过程的顺利进行。

在这里，需要理解一个重要的概念：火色。火，通常指火力；色，通常指颜色、色彩。火色，通常称为火候，指情况、时机。

火候，是烹调领域的专用词，它是指菜肴在烹调过程中所用的火力大小和时间长短。火候是烹调技术的关键环节。烹调时，一方面要从燃烧烈度鉴别火力的大小，另一方面要根据原料性质掌握成熟时间的长短。两者统一，才能使菜肴烹调达到标准。有好的原料、辅料、刀工，如果火候不够，菜肴不能入味，甚至半生不熟；若过火，就不能使菜肴鲜嫩爽滑，甚至会糊焦。

在熬糖过程中，通常不用"火候"这个词，而用火色，以此判断熬糖的操作是否到位。通常说：看火色，拿稳火色。这种说法存在于民间，也有人说它是方言，文献中很少提到它。

我们认为，火色是熬煮过程中火力（蒸汽压力）大小的运用、加热时间的长短及物料在受热过程中出现的变化特征的综合概括，其实质主要是熬煮给糖液所带来的品质变化，一是水分的变化，二是色香味的变化。

① 水分的变化　在硬糖制作过程中，随着糖液熬煮时间的延长和温度的升高，可溶性固形物含量上升，这是由水分蒸发造成的。当熬煮时间比较短、温度比较低时，糖液中的水分没有充分蒸发，糖的硬度和脆度都比较小；随着熬煮时间的增加和温度的升高，水分蒸发充分，糖的硬度和脆度都随之增加。如表2-1所示，它是熬糖的原理。

表2-1 蔗糖溶液沸点温度与质量分数的关系

糖液沸点温度/℃	糖液质量分数/%	残留水分质量分数/%	熬煮糖浆冷却后的质感测试
104	65.0	35.0	
106	72.4	27.6	不成形
108	77.2	22.8	
110	80.9	19.1	110～112℃的熬煮糖浆，由试棒上滴落时呈
112	83.4	16.6	一定长度的线
114	85.7	14.3	113～115℃的熬煮糖浆，滴入冷水中形成软
116	87.4	12.6	球，不能持久固定
118	89.0	11.0	118～120℃的熬煮糖浆，滴入冷水中形成坚
120	90.4	9.6	实的球，渐能固定
122	91.6	8.4	
124	92.8	7.2	121～130℃的熬煮糖浆，滴入冷水中，形
126	93.7	6.3	成相当坚硬的球，能保持形状，可以塑造
128	94.6	5.4	
130	94.9	5.1	132～143℃的熬煮糖浆，滴入冷水中形成软
138	96.0	4.0	性裂片，硬而不脆
150	97.0	3.0	149～154℃的熬煮糖浆，滴入水中形成硬 性裂片，硬而脆
160	98.0	2.0	160℃的熬煮糖浆，冷却后形成硬糖
170	99.0以上	1.0以下	170～171℃的熬煮糖浆，具有焦糖风味

② 色香味的变化　随着熬制温度的升高及熬制时间的延长，糖液中的水分不断蒸发减少，硬度与脆度都有所增加；糖液的转化也不断加快，产生许多小分子物质。但熬制时间太长，糖类发生严重的焦糖化反应，会产生一些深色物质，使糖果颜色加深，影响感官品质。

因此，熬糖方式的进步大多集中于改变熬糖的温度和时间，以利于糖果品质的改善和提高。

三、塑性与成型

通过前面的化糖、熬糖，再通过蒸发除去绝大部分水分（溶剂）之后，留下被溶物，它呈流体状态时称为糖液，呈半流体的软体状态时称为糖膏或糖坯。它需要通过成型加工制成糖粒。

在这里，我们需要了解如下三个概念。

① 塑性　指在外力作用下，糖膏能发生变形的能力。

② 塑性区　因为温度、压力等条件变化，糖膏产生变形的区域。

③ 塑性加工　糖膏在外力（通常是压力）作用下，产生塑性变形，获得所需形状、尺寸和组织，从而形成产品的过程。

硬糖是无定形结构，没有固定的熔点。在加热过程中，随着温度升高而逐渐变软、开始流动，最后完全变成液体；反之，随着温度降低，熔化后的无定形糖体也是逐渐过渡到固态。

硬糖在70℃以上从固态逐渐熔化为半固态的可塑性糖体，在100℃以上逐渐变为黏度较高的糖膏，在150℃以上又转变为流动性很大的液体。

这就是硬糖冷却、成型的工艺设计依据。

四、保护好品质

保护品质是指要保证产品在原料、加工、成品过程中的品质，避免错误、失误出现。

1.原料

重点关注香精及其加入。香精分为水质、油质、水油两用及乳化、粉末类，硬糖应选择油质香精，并掌握好添加香精时糖膏的温度。加香精时温度太高，会使香气成分挥发；而加香精时温度太低，糖膏黏度太高，二者不易调和均匀。一般将糖膏冷却至90～110℃时加入香精香料，以防香精挥发或调和不均，并根据加工过程中的损失来确定香精的用量。

2.加工

对生产过程中产生的反应需要高度重视。例如，焦香化反应只有焦香糖果需要，其他糖果通常不需要，就要坚决杜绝，以免糖果产生杂味、杂色。

3.成品

容易出现的问题是返砂、发烊，关注的指标是还原糖。

（1）返砂、发烊

硬糖糖浆是一种由过饱和的、过冷的白砂糖和其他糖类形成的溶液，因而处于非晶形状态或称玻璃态。当白砂糖从溶液析出时形成糖的结晶或晶粒，即返砂现象。白砂糖极易结晶，仅用白砂糖很难制成硬糖，因此在硬糖的配方中包括抑制结晶的配料——淀粉糖浆或麦芽糖浆。

淀粉糖浆的成分中含有较多的还原糖，还原糖起到了阻止白砂糖再结晶的作用，但它同时具有较强的吸水性。

如果还原糖含量过高，糖体就会吸收空气中的水分，糖体表面容易发黏、浑浊，甚至溶化，失去原有的光泽及固有的清晰外形，这种现象称为"发烊"。

发烊的产品，如果受外界空气骤然干燥的影响，一部分被糖果吸收的水分又会重新失去，向空气扩散，糖果表面原来开始溶化的糖分又发生结晶而析出，在表面形成一层白色砂层，返砂的过程由表及里反复进行，直到糖粒全部返砂为止。

（2）还原糖

还原糖是能使碱性菲林溶液中的铜盐得到电子从而被还原的糖类。具有还原性的糖有葡萄糖、果糖、麦芽糖以及由蔗糖转化而来的转化糖。

在硬糖的化学组成中，还原糖是重要的组成与控制指标，一般含量为12% ～ 29%。这是配方设计的指标。

第三节　硬质糖果配方设计

一、设计思路

简单地说，硬糖的配方设计就是建立载体、装载货物。前者针对主要原料（主料），后者针对辅助原料（辅料），配方就由这两部分组成，如图2-3所示。

① 建立载体，就是首先确定主体部分，即进行主体设计，这是其他原料、其他设计所依赖的。不同的载体有不同的价值。硬糖的立体常在白砂糖与淀粉糖浆、糖醇之间选择。

② 装载货物，就是在主体部分的基础上，进行其他相关设计，组成完整的配方。硬糖的辅料包括香料、调味料、色素等，由此在主要原料的基础上，赋予不同的色泽、香气、滋味后，产生各种不同的色香味性状，就形成了具有不同特色的硬糖。

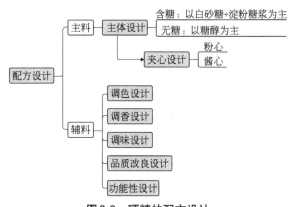

图2-3　硬糖的配方设计

二、主料

1.主体设计

主体设计又分为含糖和无糖两类。

（1）含糖（主要以白砂糖和淀粉糖浆为主）

白砂糖和淀粉糖浆作为糖果的糖体，也是硬糖的主体骨架部分。

硬糖的基础原料是砂糖，但是纯砂糖是结晶体，为了获得无定形物质（即非晶体物质），必须加入某种能抑制结晶的物质。糖果制造者发现，还原糖类能提高砂糖溶液的溶解度，使砂糖溶液在过饱和时不会出现结晶，而且能通过提高糖溶液的黏度来减少砂糖溶液重新排列成晶体时的分子运动。

淀粉糖浆含有葡萄糖、麦芽糖等还原糖，因此通常在硬糖生产中与砂糖配合使用，达到抗结晶的目的，使砂糖经浓缩后成为无定形状态（即非晶体状态），从而可以控制或延缓硬糖发烊或返砂的速度。

生产硬质糖果的主要原料有砂糖和淀粉糖浆，糖体中的还原糖大部分来自淀粉糖浆。在设计糖果配方时，只要知道淀粉糖浆中还原糖含量，经过计算便可得出投入的还原糖总量。原料配方设计中还应考虑到少部分来自加工生产中的、因砂糖受热酸分解而产生的还原糖（常压熬糖会产生4%的还原糖，减压熬糖会产生2%的还原糖）。具体用量可参考表2-2。产品最终的总还原糖应控制在12%～22%，冬季生产时可适量高至18%～22%。浇注宜再适当增高。

由于淀粉糖浆含有糊精，因此在硬糖生产中不能加太多，否则会因含糊精过多而使产品韧性过强，影响硬糖的脆性。

表2-2 硬糖组成的砂糖与淀粉糖浆比值

物料加热方式	白砂糖与淀粉糖浆的比值
常压熬煮（明火）	（75：25）～（70：30）
真空熬煮	（65：35）～（60：40）
连续真空熬煮	（60：40）～（50：50）

（2）无糖（主要以糖醇为主）

目前我国已经大规模投入生产的糖醇主要有山梨糖醇、甘露醇、木糖醇、麦芽糖醇、异麦芽糖醇、半乳糖醇、赤藓糖醇以及用淀粉水解液加氢生成的各种淀粉糖醇。

糖醇虽然不是糖，但具有某些糖的属性，不论外观和性能均和食糖有不少相似之处。如糖醇外观是白色粉状，液体产品也和糖浆相似，有一定的甜度和热量，可作为食糖替代品。

用糖醇和低聚糖代替白砂糖和糖浆时，首先是一个体积和质量的替代；替代时，保证在体积和质量上大致相当。在糖醇和低聚糖中，除木糖醇的甜度与蔗糖一样外，其他的甜度一般都比蔗糖要低，如果甜度不够的话，还可能需要添加适量的高倍甜味剂，以模仿蔗糖的怡人甜味。容易结晶的糖醇不宜单独用来制造各种糖果，应通过添加抑制剂（如30%～40%的氢化淀粉水解物）确定合理的配方。

人体摄入过量的多元糖醇会引起腹泻和肠胃不适，因此，糖醇在各种糖果中都有一个最大添加量，应注意不能超量使用。

2.夹心设计

（1）粉心

粉心采用方登、柠檬酸和香精调配而成。方登的制法：白砂糖：糖浆=（2：1）～（3：1），熬糖到118～120℃，急剧降温，冷却至35～40℃，搅擦起砂，待开始结晶，即呈白色稠厚糖膏时，加入香精、柠檬酸，继续搅擦至完全返砂。搁置时如发硬，可用手揉捏使其回软，或用时将其保持微热。

（2）酱心

鲜果原料预先加工处理，去皮、去核、软化、磨碎，加入砂糖和淀粉糖浆熬煮。对于含酸及果胶量低的，可适当添加酸和果胶，果胶含量达1%～1.5%时，在pH为3.5的酸性条件下能与63%～68%的糖液凝聚。经加热浓缩至可溶性固形物为65%～70%时，便能够形成有一定的凝胶力、结构良好的果酱胶冻。

三、辅料

1.调色设计

硬糖，特别是水果型硬糖，需要在感官上具有天然水果那种鲜艳和明亮的色彩，例如橘子味、草莓味等硬糖，应具有相应水果的色泽，这就需要调色。

硬糖的色泽一般是通过添加色素来实现的，色素首先要符合食品安全的要求，其次要严格控制添加量，合成色素的添加量通常为2～5g/100kg成品，一般不超过0.01%（质量分数）。

2.调香设计

调香要求：香气要逼真、淡雅，糖块在口中溶解时能释放出一种令人愉快的感觉；香味自然醇和，不产生其他异味、杂味。

调香分为两种情况：添加香精调香、添加天然香味原料调香。

（1）添加香精调香

一般情况下，在香味不足时，可以添加与产品相符的适量的香精，弥补其原料香味的不足。

香料在糖果中的使用量要准确，所谓"恰到好处"就体现了准确性。香气物质有高度的活跃性，如果极少量的香料集中在局部，势必产生相反的效果，所以，香料必须分布在一定的介质中。硬糖香料所用的介质应为油质，水或酒精都不适宜。

水果硬糖往往是一种天然水果的模拟物。例如，一颗好吃的橘子硬糖，给人的感觉就是具有逼真的天然橘子的浓郁香气，留在口里，经久不散，好像在吃真的橘子一样。

大部分硬糖是通过添加不同的香精来提高增香效果的，香精加入量一般为0.1%～0.3%。这需要考虑硬糖产品的物料组成和香味纯净程度，通过试验和生产实践，求得最佳香味料的添加量。

为了确保产品质量，糖果企业都很重视香精的选用，其实香精品种繁多，根据实践经验，无论中外，一家生产香精的工厂往往只有少数几个质量比较突出的品种，对糖果厂来说，关键是善于选取适合本厂产品的香精。

（2）添加天然香味原料调香

在硬糖配料中添加天然的香味原料是很有效的，如鲜乳、炼乳、椰汁、奶油、可可、可可脂、咖啡、绿茶、红茶、麦精、花生、松子等。另外可以添加天然果汁、果酱来赋予硬糖良好的品质、香气和滋味。这一切都应结合新技术、新工艺来实施。

3.调味设计

香气和滋味看起来似乎是两个指标，但它们之间有着十分密切的关系，在一定意义上是不可分的。取得成功的硬糖，香和味总是和谐地成为整体。例如，质量较高的椰子糖，就很难说其中香气超过了滋味，还是滋味胜过了香气，总的感觉是浑然一体，恰到好处，回味无穷。

在硬糖中仅仅添加香料是不能形成良好风味的，尤其是水果型硬糖，还需添加酸味剂，才能突出香气效果。要达到仿真效果，甜度和酸度的最佳比值非常重要。糖酸比要经过多次试验，选择多组人群进行感官评定后方可决定。

调节硬糖风味一般选用不同的酸味剂，常用的有机酸味剂有：柠檬酸、酒石酸、乳酸、苹果酸、富马酸、己二酸。酸味及其强度并非完全取决于pH值，不同酸味剂的效应往往取决于品评者的味蕾感应。现在常常应用2～3种果酸配制的复合酸来改善酸的风味，硬糖添加柠檬酸量控制在1%～1.5%，可获得令人满意的糖酸比值。

此外，在鲜奶或奶油型硬糖中可以添加适量的食盐，食盐对奶味能够起烘托作用。

4.品质改良设计

对于硬糖而言，进行品质改良的方法通常是加入适量的小苏打，增加产品的脆性，加入量为50～100g/100kg。

5.功能性设计

尽管糖果经常被看作是一种休闲享乐的食品，但是它也可以具有更多的健康内涵，成为一个健康载体。功能性设计就是在糖果基本功能的基础上附加特定功能，使之成为保健糖果。

在保健糖果当中，清咽润喉糖果是一个重要的分支。对于清咽润喉的功效成分来说，硬糖是良好的载体。利用中草药配方开发清咽润喉保健食品，是中国的特色。基于中医学理论，清咽润喉保健糖果往往具有清热解毒、消炎杀菌、滋阴补虚、健脾益气等作用，目前多以中药作为其功效成分。

其中，胖大海、金银花、青果、乌梅、菊花、罗汉果应用频次较多。大多以化痰、止咳、平喘类为主，辅以清热解毒类、芳香化湿类、辛凉解表类、开窍类中药。

第四节　硬质糖果工艺设计

一、设计思路

硬糖工艺的设计思路为：从两条线切入，去理解、完善硬糖的生产工艺。

1.两条线

两条线是指水分、温度，它们是贯穿整个生产过程的两条线。

为了便于理解，我们把它们比喻为两条船，在生产过程中，它们是过河的工具，过了河之后就不需了。所谓借船过河，这"借"就要讲究了，要求"借"的数量越少越好、时间越短越好。

（1）水分

成品硬糖是一个多组分的混合体。在生产过程中，对多组分的主要原料，以水相溶（即化糖），让各组分相互混合，形成均匀一致的混合体。然后，通过熬糖去除水分，留下被溶物。

（2）温度

从开始用水化糖时，温度开始升高，到熬糖时升到最高点，然后在温度下降的过程中，实现辅料的混合与产品的成型。

2.基本工艺

如图2-4所示，硬糖的基本工艺由化糖、熬糖、冷却、成型（冲压、浇注）、包装等工序组成，十分简单。

随着科学技术的发展，糖果加工机械相应地发生了质的飞跃，多种熬煮设备先后问世，多种成型机的成功研发与应用，促进了糖果工业的迅速发展，也使得硬糖的生产工艺复杂起来。但是万变不离其宗，新工艺都是在基本工艺的基础上发展而来的。

图2-4　硬糖的基本工艺

二、化糖

化糖是用水把砂糖、淀粉糖浆溶化成糖液。用化学的术语来说，水是溶剂，砂糖是溶质，糖液就是溶液。

化糖的要点有四个：加水量、温度、时间、顺序。

化糖的加水量，以30%左右为宜，也可以按白砂糖：水=3：1的比例，注入水，然后倒入白砂糖，边加热边搅拌，使砂糖充分溶解，糖液沸腾，使砂糖全部溶化。然后再加淀粉糖浆，加热到107℃左右，保持沸腾状态2～3min。化好的糖液应清晰透明，无砂粒或浑浊感。

溶解完全后，应立即将糖液泵入装有100目筛网的储料缸中，准备进入熬糖工序。

品质优良的白砂糖和糖浆，在加工过程中一般都经严密的净化，一般说来杂质都被清除。但在运输和储藏过程中往往不可避免地带入外来杂质，如灰尘、麻丝等，这就需要在化糖的同时进一步清除。粗大的杂质，通过100目以上的筛子可以清除。

水质对生产硬糖有影响。我们要求水质达到生活饮用水的卫生标准，无色、透明，无异味和臭气，无杂质，以免在熬糖时引起化学变化，水的酸碱值以接近中性为好。如果是硬水或海水倒灌的海河水，含钙、铁盐等过多时，熬出的糖容易返砂，同时硬水会破坏产品质量，促使砂糖转化，所熬成的糖浆色深、透明度低。

三、熬糖

在化糖工序中，加水把白砂糖、淀粉糖浆溶化为液体（糖液），浓度较低；将糖液中多余的水分除掉，使糖液浓缩，就是熬糖的目的。

熬糖也称为熬煮。熬糖工序的内容要点见图2-5。

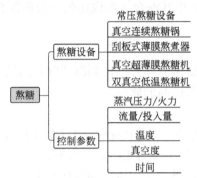

图2-5　熬糖工序的内容要点

1.熬糖设备

熬糖设备决定熬煮方式，常见的熬糖设备有以下几种。

（1）常压熬糖设备

常压熬糖是比较原始的制糖工艺，依靠手工操作，间隙生产，这种工艺适合小规模生产，产品质量不易控制，通常生产一些低档、廉价产品，因投资小、见效快、生产安排机动且灵活，至今仍为多数小型糖果厂采用。

常用的熬糖设备是夹层锅，有固定式、可倾式、搅拌式等样式。每次熬糖量应是锅容量的1/2；如果太少，糖液温度就会迅速升高，温度变化不易控制；如果太多，沸腾时容易溢出，当糖液变浓后，底部和表面的温度存在差异，热量传导受到限制，测量结果也会有偏差。

（2）真空连续熬糖锅

真空连续熬糖锅如图2-6所示，糖液经化糖后，由定量泵打入预热器，预热器内设加热盘管，蒸汽在盘管外加热，糖液在盘管内受热，进入中间储存室，通过放糖阀进入真空转锅，在真空状态下脱去残余水分，由两只交替使用的真空转锅翻转可倾式倒料。该熬糖设备生产速度快，熬出的糖色泽透明、口感细腻。但由于是一锅一锅出糖，后面一般不使用浇注机，而使用其他成型设备。

（3）刮板式薄膜熬煮器

刮板式薄膜熬煮器如图2-7所示。蒸发器上端连接真空泵，把定量泵到卸料泵之间，包括预热器、薄膜蒸发器在内的系统抽成真空。糖液经管道通过定量泵，输

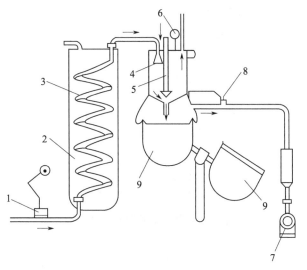

图2-6 真空连续熬糖锅

1—定量泵；2—预热器；3—加热盘管；4—蒸发器；5—放糖阀；6—真空表；
7—真空泵；8—真空破坏泵；9—真空转锅

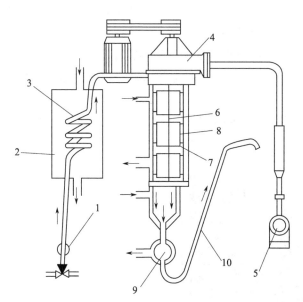

图2-7 刮板式薄膜熬煮器

1—定量泵；2—预热器；3—盘管；4—真空薄膜蒸发器；5—真空泵；6—主轴；
7—刮板轮；8—刮刀；9—卸料泵；10—出料管

入加热盘管，经蒸汽预热，产生的蒸汽泡与糖水分离被真空抽走。装在中心转轴上的刮刀在离心力作用下，使糖浆向四周分散，旋转的惯性使刮板张开，把糖浆沿蒸发室缸壁刮成薄膜加热，从而使糖液获得最大蒸发表面积。图2-8为蒸发器的结构图，缸套设计为夹层，内通蒸汽，蒸汽的热量传至缸内壁加热糖膜，使糖膜中的水

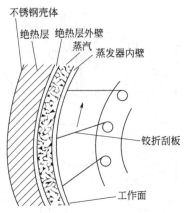

图2-8 刮板式薄膜蒸发器结构图

分汽化，被真空抽走，剩下的糖浆浓度增加，相对密度增大，落入下道刮板。下一道刮板再把糖浆刮向缸内壁，呈薄膜状后被缸内壁再加热，蒸发水分。然后再落到第三道刮板上加热蒸发水分。最后落入卸料泵中，合格的糖膏输入下一道工序。用这种设备生产的硬糖色泽浅，再配上后期的浇注成型，得到的糖块透明度好。

（4）真空超薄膜熬糖机

真空超薄膜熬糖机由糖浆定量泵、预热装置、真空超薄膜瞬时浓缩器、水环真空泵、卸料泵、温度测量仪及电气控制箱等部分组成，如图2-9所示。

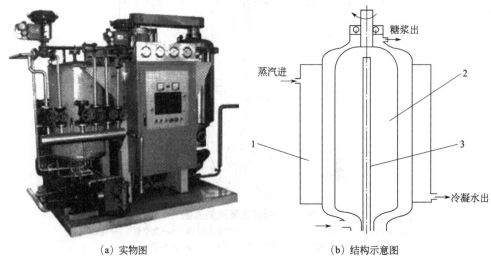

（a）实物图 （b）结构示意图

图2-9 真空超薄膜熬糖机

1—外加热缸；2—内加热缸；3—蒸汽管

超薄膜瞬时浓缩器的结构由内、外缸组成，内、外缸之间有1～2mm的间隙，糖液从内、外缸之间通过。浓缩器的内、外缸同时加热，增大有效热接触面积，使熬糖机的工作速度加快，糖液由下向上在夹缝中被加热，快速形成过热糖-气泡混合糖浆，出缸后，气、糖分离，即得到浓缩糖膏。整个过程瞬间快速脱水，使糖浆的透明度和水分控制能力得到提高。

（5）双真空低温熬糖机

双真空低温熬糖机如图2-10所示。简单地说，就是前面超薄膜（图2-9）与刮片式（图2-7）的组合，糖液经过定量泵，在管壁上形成流动的膜，受内外夹缝的加热，到达顶端，在真空状态下，糖液中的气泡破裂，释放出气泡中的水分，再经过刮片式的加热，最后落入卸料泵中，从而快速得到浓缩糖膏。

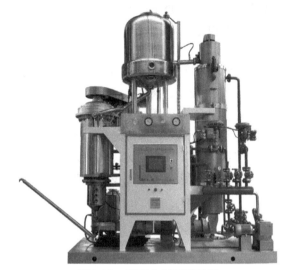

图2-10　双真空低温熬糖机

其制造原理主要是通过两次加热熬煮、两次真空浓缩而降低熬煮的温度，有效地避免了焦香化反应发生，从而保持被熬煮物料原有的风味。它适合于原味果汁、鲜奶风味硬糖的制作。

2.控制要点

基本的概念是火色。采用常压熬煮方式时，开始就要密切注意糖浆的翻动状态。熬糖开始阶段，糖浆的泡沫大而易破碎，随着糖液浓度逐渐提高，泡沫也逐渐变小，同时跳动缓慢。随着温度提高，糖液的黏度也逐渐增大，糖浆由浅黄色、金黄色转为褐黄色；同时表面的泡沫更小，跳动更慢。此时可蘸取糖膏少许，浸入冷水里，如立刻结成硬的小球，齿嚼脆裂，则熬糖即告完成。这一直被作为判断熬糖程度的标准。

现在大多采用温度计来控制熬糖的终点温度。糖膏在达到规定温度时应迅速停止加热，将糖液排出，以免此后的温度跳跃式地增加，致使糖分子发生剧烈分解，产生深色和焦味。

对于间歇式的熬煮方式，糖液的投入量、熬制时间和温度的控制是影响糖果品质的关键工艺指标。对于连续式的熬煮方式，糖液的流量、温度、蒸汽压力、真空度的控制是关键的工艺指标。在操作过程中，通过这些参数的调节，使熬出糖膏的水分和品质达到成品的要求。

四、冷却

冷却是把糖液冷却至适合成型的状态，其中包括混合。

经过常压或真空熬制的糖坯在出锅时都具有较高的温度，还没有失去流体的性质，同时，蔗糖在此时仍然容易重新结晶。为了使糖坯在成型过程中不变形或不返砂，必须进行及时与快速的冷却，使糖坯具备适宜的可塑性。

冷却所用到的设备主要有以下三种。

1.冷却台板

冷却台板也称为冷板，它是降低糖膏温度的载物台、操作台。

将熬制成的高温糖膏倒在冷板上，摊成一片，待糖膏温度降至110℃以下，加入辅料，将糖片铲起，按图2-11所示步骤，将糖膏从中间提起，将贴近冷却台板的冷却的一面折叠到中间，反复按压，使糖膏延展，被压平，然后再从中间提起、折叠、按压，如此操作，多次重复，直到糖体冷却到适宜的程度。不准确的翻折方法不能使糖膏温度均匀下降，并使糖块表面因受冷过度而脆裂，而糖块中心温度仍然很高。

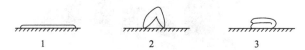

图2-11 对糖膏的翻折动作

硬糖翻折至软硬适度时（80～85℃），具有最大的可塑性，应立即送往成型机的保温床保温，以免暴露在空气中使糖块温度继续下降，最后难于成型。冷却应与前后的熬糖、成型工段密切配合，避免堆置过多而难以处理。

2.冷却钢带

流动的糖液浇注在不断运动的钢带上，钢带下部受到雾状冷却水的冷却。钢带良好的热交换使糖液在冷却钢带上固化成固体，在刮片和压轮的作用下，达到揉糖的效果。

如图2-12所示，冷却钢带主要由三部分组成：驱动系统、冷却系统（包括机架、轮毂）和张紧系统。其中，驱动系统为钢带冷却机提供驱动动力，冷却系统将成型过程中产生的多余热量带走，而张紧系统为冷却机提供张紧正压力，由此产生钢带与主、被动轮毂间的摩擦力，实现主动轮到被动轮的机械传动。

3.揉糖机

揉糖机主要用于糖膏的碾压、翻转，使添加的香精色素等辅料分布更加均匀，糖体软硬均匀，更容易塑形。糖膏经过揉碾之后更加适应下一步工序的加工。

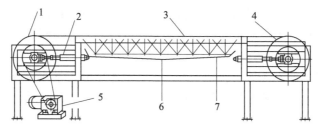

图2-12　冷却钢带示意图

1—主动轮毂；2—张紧系统；3—冷却系统；4—被动轮毂；5—驱动系统；6—冷却水出；7—冷却水进

揉糖机如图2-13所示。冷却台板可以旋转，台面下部采用冷却水夹套冷却，使得糖膏在揉碾的同时可以降温；两边的糖铲推动糖膏翻转；同时顶部压板也以一定的间隔时间下压，从而完成整个糖膏的揉碾和翻转过程。

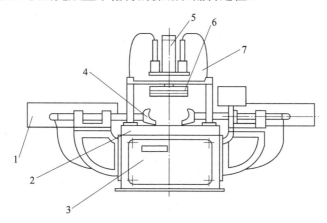

图2-13　揉糖机示意图

1—水平糖铲的汽缸；2—冷却台板；3—机座；4—糖铲；5—垂直汽缸；6—压板；7—龙门架

五、成型

成型工段对环境要求较高，一般温度掌握在25℃左右，相对湿度≤60%左右，以防止糖块吸潮烊化。

成型主要有四种方式：滚压成型、浇注成型、冲压成型、切割包装。

1.滚压成型

滚压成型是较老的一种成型方式。糖模加工与装配的要求较高，不但上下模辊在加工时纵横方向的对中要特别准确，也需保证生产过程中出现偏差时能很容易调准，类似饼干滚切成型机印花棍与切刻棍的加工。

2.浇注成型

浇注成型可以生产硬糖、半软糖和软糖，其适应范围大，所用设备也大致相同。

硬糖浇注成型，前工序的糖液由管道输送，与浇注机相连；浇注机上有香精混合器。当糖液由卸料泵打入混合器时，柱塞泵同时也把酸、香精、食用色素等加入混合器，混合器内由电动机通过减速箱把动力给了左旋螺杆，糖浆、香精等物料通过进料口被左旋螺杆推进，狼牙棒犬牙交错，外圈固定，内圈旋转，从而产生相对运动，进行充分的搅拌。

这时，熬好的糖液还处于流动状态，就将液态糖液定量注入连续运行的模型盘内，然后使其迅速冷却和定型，最后从模型盘内分离，再随输送带送至包装机进行包装。

模板进入冷却输送隧道后，冷却的温度需要掌握得当，如果采用强制快速冷却的方法，会导致脱模后的糖块表面存在水分，这水分是由于内部隧道温度过度低于外部环境而造成的；相反，冷却温度过高又会造成脱模困难。合理的温度是使糖块表面冷却而中心温度为30℃左右。

3.冲压成型

冲压成型是硬糖成型的主要方式。最早利用间断的单冲机成型，每次只能加工一粒糖，生产效率很低。目前采用较多的是连续回转式冲压成型机，能同时冲压出较多的糖块，生产效率大大提高。硬糖冲压成型设备中包括辊床、拉条机和冲压成型机。

要使硬糖最后成为颗粒均匀、形态整齐美观的制品，必须在糖膏冷却至具有可塑性时进行及时而迅速的压模成型。

糖膏在冷却至软硬适度时应立即装在保温床上。保温床预先加热至高于糖膏的温度，并保持此温度范围，床面保持清洁干燥，床内受热均匀。然后将糖膏块逐渐转动成圆锥状，前端拉成粗细均匀的圆条，便于进入各种成型机成型。

成型机必须经常保持清洁干燥，印模花纹保持清晰完整。成型时，如车间温度太低，则糖条与成型机冷的模面接触，因骤冷而糖粒表面极易发毛开裂。在这种情况下，应于开始成型前，将糖条穿过的过道与模型略予加热。

糖膏在进入成型机中，一般都被匀条机或自动拉条机拉成粗细均匀的糖条。如以人工拉条，应严格保持糖条均匀，以免最后制成的糖颗粒大小不一、表面粗糙起裂缝。

糖膏在成型前后仍处于热的状态中，据测定结果，从冷却到成型结束，糖膏因转化而生成的转化糖量约为1%。因此，使糖膏长时间处于热的状态是不好的，而且容易返砂，一般成型过程以不超过半小时为宜。

4.切割包装

糖膏经过辊床、拉条机之后，由自动切割包装机进行切割成型并包装。

辊床、拉条机的操作如同冲压成型的操作，只是最后的成型改由自动切割包装机进行。

六、包装

成型后的糖粒在冷却和拣选后应立即包装。冷却后，糖粒的吸水汽性明显地加快，在潮湿的空气中则更快。据测定结果，糖膏在冷却、成型、拣选及包装过程中，其水分增加量可超过1%，在包装以后仍会发生严重的烊化现象。因此，糖果包装应有单独的车间，并有严密的空气调节装置，车间内温度不应超过25℃，相对湿度应控制在60%以下。

第五节　水果糖：配方与工艺

水果糖通常是指水果味硬糖，它因酸甜的果味得到消费者的喜爱。它通常是糖果厂的常规品种，配方、工艺简单，产量大。

一、要点

通过调色、调香、调味，模拟天然果实的滋味：①适宜的甜酸比。②一般苹果酸和柠檬酸复配使用。苹果酸具有明显的呈味作用，酸味柔和、爽快，刺激性缓慢，保留时间长，与柠檬酸配合使用可模拟天然果实的酸味特征，使味感自然、协调、丰满。③适量添加水果香型的油溶性香精，进行调香。④添加相应的食用色素。⑤掌握好这些原料添加时的温度，并混合均匀，以保证添加的量真实地保留在产品之中，不至于损失掉。

二、配方

以白砂糖、淀粉糖浆、柠檬酸和苹果酸、水果香精、食用色素为原料，模拟天然果实的滋味。不同滋味的水果糖原料配方举例如下。

① 青苹果味　白砂糖50kg，麦芽糖浆50kg，柠檬酸0.75kg，苹果酸0.17kg，青苹果香精0.2kg，果绿2g。

② 草莓味　白砂糖50kg，麦芽糖浆50kg，柠檬酸0.8kg，苹果酸0.17kg，草莓香精0.2kg，胭脂红2g。

③ 菠萝味　白砂糖50kg，麦芽糖浆50kg，柠檬酸0.7kg，苹果酸0.15kg，菠萝香精0.2kg，柠檬黄2g。

三、工艺

① 化糖　白砂糖加30%的水，加热溶解，沸腾片刻，然后加入糖浆，溶解，溶解的糖液必须澄清、透明。通常用滤网或管道过滤，除去糖液中的杂质。

② 熬糖　常压熬至150℃左右，真空连续熬糖，温度熬至136～142℃，这时用筷子蘸取糖浆拉长能成薄纸状而不断裂，入水凉后咬有脆响声，说明糖浆已熬成。

③ 冷却、调和　将糖液降温、冷却至90～110℃，加入酸、香精、色素等混合，反复折叠，混合均匀。温度要控制好，温度太低，难以混合均匀；温度过高，加入

的香精会化作一股青烟跑掉。

④ 成型　糖冷却到80～85℃时立即拉条、成型。因为糖膏在80～85℃时可塑性最好。

⑤ 包装　成型后的糖果温度仍然很高，要进一步冷却，同时除去不合格的糖果，进行包装。

第六节　花生糖：配方与工艺

我们常见的花生糖属于硬质果仁糖。硬质果仁糖是一种传统的具有中国特色的食品，不同地区的产品具有不同的特色，选用的果仁一般有花生仁、芝麻、葵花籽、核桃、杏仁、腰果、松子等。果仁原料品种多样，不同品种的果仁在营养功效、加工特点及感官品质方面具有一定共性，果仁的添加赋予果仁糖果丰富的营养，同时对形成香酥口感起到重要作用。此类制品的特点为果仁酥脆、香甜可口、营养丰富，消费市场潜力大。

一、要点

就其特色，关注两点：糖浆的理想添加量、花生仁的粒度。

糖浆，在这里是指由白砂糖、淀粉糖浆经过熬糖之后的糖液。在花生糖的构成中，糖浆起到对花生仁的黏合作用，糖浆添加量对黏合效果具有显著影响。糖浆添加量增大，花生糖的硬度和咀嚼性都呈增大趋势；糖浆添加量越少，产品酥脆度越高。

花生糖黏合糖浆的适宜用量为40%（糖浆质量和花生仁颗粒的质量之和为100%），当然这是一种口感的理想状态。糖浆用量过高，则产品过甜、过硬且色泽偏黄；糖浆用量过低，糖浆的黏合成型效果受到影响，产品成型差。

花生仁粒度对产品的品质有很大影响。花生仁颗粒过大，需要黏合的糖浆量会加大，导致产品质地变硬，影响口感；颗粒过小，也要增大糖浆的用量，影响产品的感官品质。花生仁的适宜粒度为2.4mm（8目）。

二、配方

花生糖的参考配方如下。

① 黄油花生糖　白砂糖55kg，淀粉糖浆40kg，黄油12kg，熟花生仁20～55kg，小苏打90g，食盐150g，香兰素100g。

② 香脆花生糖　白砂糖55kg，淀粉糖浆40kg，奶油4kg，香兰素40g，小苏打90g，碎花生20～55kg。

③ 黑芝麻糖　白砂糖55kg，淀粉糖浆40kg，奶油4kg，香兰素40g，小苏打90g，碎花生20～45kg，黑芝麻10kg。

④ 白芝麻糖　白砂糖55kg，淀粉糖浆40kg，奶油4kg，香兰素40g，小苏打

160g，碎花生20～45kg，白芝麻10kg。

三、工艺

1. 花生烘烤、脱皮

选用籽粒饱满、仁色乳白和风味正常的花生米，剔除其中杂质、霉烂、虫蛀及未成熟的颗粒。然后放进烤盘，摊平，进行烘烤。

烘烤温度一般为130～150℃，时间为20～30min，以花生呈浅棕黄色并产生浓郁香气为准。要求烘烤程度均匀，从花生果仁中心到外表的颜色基本一致。

烤熟的花生仁应立即用冷风机吹冷，使温度速降至45℃以下，以免花生后熟焦煳。

2. 熬糖

将白砂糖加入30%的水，加热至沸腾，然后加入麦芽糖浆，加热煮沸后，过滤入另一容器内，加入油脂，再继续加热熬制。熬糖时应注意搅拌，加热熬制到150℃左右，以脆为准。关闭加热源。

3. 拌和

先加入膨松剂，拌和均匀，然后加入香料、花生仁、芝麻，快速搅拌，边下料边搅动，以使花生仁和糖混合均匀（花生仁及芝麻最好预热至40℃以上）。

4. 成型

将糖膏冷却到80～85℃，分块压片，冷却到70～75℃时用机器进行开条、成型，并严格注意颗粒的形状、大小，要求无缺角、厚薄一致、切口整齐。

第三章

充气糖果：设计、配方与工艺

Chapter 03

充气糖果采用充气剂，使气体分散在糖体之中，形成无数细小气泡。根据气泡的多少，形成各种不同密度的糖果，如棉花糖、牛轧糖、求斯糖等，成为组织结构独特的一类糖果。

本章内容如图3-1所示，其关键是充气设计，我们在配方设计和工艺设计中，将求斯糖、牛轧糖、棉花糖并列在一起，以便比较、理解。

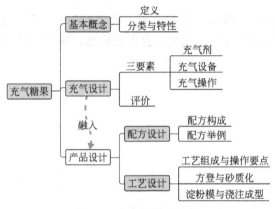

图3-1　充气糖果的内容

第一节　充气糖果的基本概念

一、充气糖果的定义

充气糖果是使用充气剂，使气体分散在糖体之中，在糖体内部有细密、均匀气泡的糖果。

二、充气糖果的分类及特性

食品通过充气技术进行加工，使产品的密度降低、体积增大、色泽改变、质构疏松，从而获得不同风味的制品。

根据产品密度差别，充气糖果可分为低度充气、中度充气和高度充气三类产品，如图3-2所示。

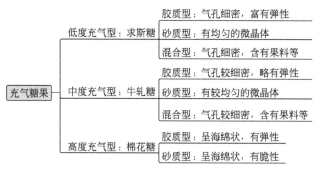

图3-2　充气糖果的分类

1.低度充气糖果

低度充气糖果的充气程度很低，糖体结实，疏松度差，口感柔韧，相对密度为$1.15 \sim 1.35 \text{g/cm}^3$，相对含水量为5%～8%，产品以求斯糖和奶糖为代表。奶糖在下一章介绍。

低度充气糖果制作历史最长的是求斯糖（chews candy），求斯糖具有馥郁的水果风味和适宜的甜酸比，有一定咀嚼性和优良的口感。

求斯糖的原意为耐嚼糖果，咀嚼性是求斯糖韧性结构的特征，构成糖体的咀嚼性是依靠糖体的黏稠度和延伸度，糖体在咀嚼过程中释放出令人愉快的香气。柠檬酸与苹果酸配合使用，能增进与天然水果相似的酸味，浓缩果汁或果汁粉能助长生成浓郁的天然水果风味。除了水果风味以外，也可以采用其他风味，但求斯糖以鲜明独特的水果风味居多。

2.中度充气糖果

中度充气糖果的充气程度略低，松软程度不如高度充气糖果，相对密度为$0.8 \sim 1.1 \text{g/cm}^3$，几乎能漂浮在水中，糖体结构比较紧密，相对含水量较低，约在10%以下，其代表性糖果为牛轧糖。

牛轧糖是一种洁白、疏松、柔韧而坚脆的中度充气糖果，体积增加不到一倍，水分含量为6%～9%，质构比较紧密，略有弹性，具有松脆和柔韧两种明显不同的质构。

3.高度充气糖果

高度充气糖果的充气程度大，使体积增大，密度明显降低，质地轻、组织疏松，能漂浮在水上，密度在0.6g/cm^3以下，色泽洁白、口感柔软、略有韧性且富有弹性，不粘牙。典型的产品为棉花糖。

棉花糖具有"软、泡、香"的特征，表面平滑细腻，气泡致密，非常轻且水分含量较高，水分可高达16%以上，但其货架寿命却长，产品质构十分稳定。

第二节　充气糖果充气设计

充气形成充气糖果中的特性，因此充气设计是关键，其内容如图3-3所示。

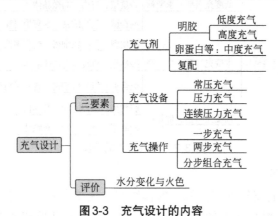

图3-3　充气设计的内容

一、三要素

1.充气剂

常用的充气剂是蛋白质类，如明胶、卵蛋白、大豆蛋白、乳清蛋白、棉籽蛋白、小麦蛋白等。由于天然蛋白质在液—气界面变性，并以一定方式排列，虽然其降低表面张力的能力有限，但变性的蛋白质分子可以凝结成一层皮，形成十分牢固的薄膜，对泡沫有良好的稳定作用。

（1）低度充气糖果

低度充气糖果的主要充气剂为明胶。明胶在产品中的主要作用：首先，充当发泡剂来改善咀嚼性，咀嚼性的好坏取决于所用明胶的类型和用量；其次，明胶在脂肪球表面会形成一层薄膜，防止脂肪球聚集，从而改善油脂的乳化；再次，明胶能抑制蔗糖的结晶。

通常使用的明胶冻力越高或者用量越大，产品的耐咀嚼性越强，而较高的黏度有助于稳定糖果中的气泡。可以根据产品的定位，选择120～250Bloom范围内的明胶。

（2）中度充气糖果

牛轧糖的主要充气剂为卵蛋白，或酶解的植物蛋白和乳清蛋白。酶解植物蛋白或乳清蛋白能迅速分散在水中溶成溶液，不需要长时间浸泡；卵蛋白在搅打充气时温度超过70℃，容易受热变性而凝固，而酶解植物蛋白或乳清蛋白在这样的温度下不会受热变性，而且在充气时将温度高、水分含量低的糖浆冲入，也不会使气泡破裂。

（3）棉花糖

棉花糖是将含明胶的糖浆溶液在一定压力下通过快速搅打，使其与空气充分混合从而制成的一类糖果。糖浆发泡后与明胶都为液体状态，冷却后明胶凝胶使棉花糖的状态变得更稳定。明胶的含量和搅打得到的糖浆密度决定棉花糖的质地。

明胶在棉花糖中的应用，冻力以200～250Bloom为主，更低冻力的明胶因保水性和稳定性较差，一般不建议应用在高质量的棉花糖中。

（4）复配

一些稳定剂如亲水性的胶体（淀粉、海藻胶、角叉菜胶和槐豆胶等）能影响包裹气泡周围的薄膜、增加黏度和提高稳定性。它们之中有些能与发泡剂中的蛋白质反应生成分子络合物，产生坚定而稳定的薄膜，能更好地增强泡沫体中气泡的稳定性。

采用混合胶体，如水解蛋白质、糊精和明胶混合一起充气，既能提高充气能力，又具有凝胶性能和持久稳定气泡的作用。例如，求斯糖不仅能采用多种胶体，而且添加微结晶糖，使糖体中含有砂糖的微晶体，产品质量更加稳定而持久。

2.充气设备

充气设备主要分为以下三类。

（1）常压充气

常压充气即开放式搅拌充气。所谓开放，是指充气设备不封闭。这种充气方法是传统的方法，较简单；搅拌器多为立式搅拌器，搅拌力度较小，充气程度、均匀性较差。

（2）压力充气

压力充气即采用压缩空气进行机械搅打，搅打多采用卧式搅打器，力度大，而且在密闭容器（搅打罐）内进行。这种方法搅打均匀，充气程度高，容易保证充气质量，在糖果行业得到广泛应用，如牛轧糖、求斯糖等的充气。

（3）连续压力充气

连续压力充气即在生产过程中，糖浆、充气剂和压缩空气连续不断地通过一个充气系统进行混合充气。连续压力充气设备最适宜应用于高产量大型的连续生产线，如挤出成型棉花糖生产线、浇注成型双层双色的软糖与充气糖生产线、充气糖与太妃糖多层复合的生产线、供作巧克力涂衣用的心子充气生产线等。

3.充气操作

充气操作分为三种方式：一步充气、两步充气、分步组合充气。

（1）一步充气

一步充气指一批物料或近似全部组成，在一次充气过程中形成有稳定泡沫体糖果的充气工艺方法。适用于密度较低并含有相当水分的充气制品，如棉花糖等。

（2）两步充气

两步充气是传统的充气工艺方法。牛轧糖的生产常用这种方法。其方法如下。

① 制作蛋白气泡基：将发泡剂溶液搅打成细密的泡沫体，备用。

② 将砂糖与淀粉糖浆溶化，并熬至一定浓度，然后加入气泡基，快速搅打成疏松泡沫体的充气坯体，最后加入其他辅料混合成型。

（3）分步组合充气

分步组合充气适合于大规模连续进行的充气糖果生产线的充气作业。通过同步制备性能稳定的糖泡基和熬煮好糖浆，最后按比例同其他物料混合成充气糖果坯料，冷却成型，获得品质稳定的充气糖果。

二、评价：水分变化与火色

充气糖果在生产过程中的重要变化之一是水分的变化，水分的进出变化如图3-4所示。

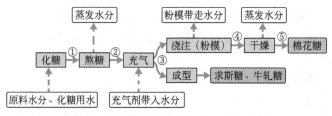

图3-4　充气糖果生产过程中的水分变化

我们将它绘制成曲线图，如图3-5所示，可以看出各环节的变化：①水分含量最高，它包括原料的水分、化糖用水；②通过熬糖蒸发大部分水分；③在充气过程中，由充气剂带入水分，导致水分含量有所增大。

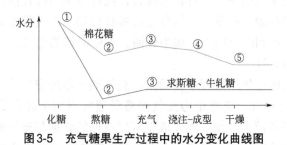

图3-5　充气糖果生产过程中的水分变化曲线图

对于棉花糖来说，④粉模带走部分水分；⑤干燥蒸发部分水分。

对于求斯糖、牛轧糖来说，火色判断在②、③两处，也是就双火色，③是终点判断。

对于棉花糖来说，需要多处判断，全程联动，才能保证最终结果。

第三节　充气糖果配方设计

一、配方构成

充气糖果的配方构成如图3-6所示，其中，充气剂可视为辅料，但它作为特征材料，所以单列出来。

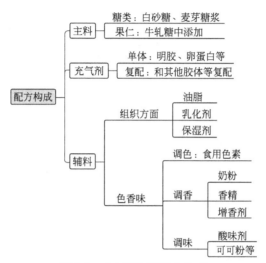

图3-6　充气糖果的配方构成

充气糖果的配方构成更详细的内容，见表3-1。充气糖果分为三类：低度、中度、高度，这三者既有共同之处，又各有自己的特色，我们将求斯糖、牛轧糖、棉花糖并列，放在一起，便于比较，方便理解。

表3-1　求斯糖、牛轧糖、棉花糖的配方构成

序号	项目	低度充气类：求斯糖	中度充气类：牛轧糖	高度充气类：棉花糖
0	基本组成	从现有的求斯糖实样分析技术资料，其化学组成范围如下（%）：蔗糖43～45，还原糖16～18，糊精、高糖16～20，蛋白质1.5～2.5，脂肪6～10，有机酸0.8～1.2，水分6～9	从现有的牛轧糖实样分析技术资料，其化学组成范围如下（%）：蔗糖35～50，还原糖20～25，脂肪2～6，蛋白质（发泡剂）0.5～1.5，填料5～20，水分6～8	① 软性（%）：蔗糖50～55，还原糖12～16，蛋白质（明胶）1.8～2.2，水分16～22； ② 韧性（%）：蔗糖50～55，还原糖12～16，蛋白质（明胶）1.8～2.5，水分16～20； ③ 砂性（%）：蔗糖70～75，还原糖9～12，蛋白质（明胶）1.8～2.5，水分11～13，卵蛋白0.5～1

序号	项目		低度充气类：求斯糖	中度充气类：牛轧糖	高度充气类：棉花糖
1	主料		白砂糖是甜味的主要来源，淀粉糖浆甜味较低，可用作调整白砂糖甜度和阻抗砂糖在生产过程中产生结晶，同时增进糖体的黏度，增强糖体的咀嚼性能。 因此，白砂糖用量较低，淀粉糖浆用量较高。通常白砂糖与淀粉糖浆的适宜配比为（40～45）：（60～65）。 糖浆要采用低DE值的糖浆，其高糖和糊精含量较多，黏度较大。但过低DE值的淀粉糖浆将造成加热熬煮过程的困难。一般采用DE值38左右的淀粉糖浆，如黏稠性不足可适量增补糊精	① 等量的砂糖和淀粉糖浆可制成既有韧性又有脆性的牛轧糖。相对于脆性或砂性的牛轧糖而言，韧性或咀嚼性的牛轧糖含有较多的淀粉糖浆。 制作韧性的中度充气糖果，一般选用低DE值（36～38）的糖浆；对于脆性或砂性的产品则选用常规糖浆（42DE）。 ② 果仁可选各种不同的果仁，如杏仁、棒子、胡桃、夏威夷果、花生、芝麻等，来制作各种不同的果仁牛轧糖，用量可根据实际要求增减，一般用量为15%～25%，高的可超过30%	蔗糖含量一般为15%～60%，一般砂性产品接近（甚至超过）60%，砂性棉花糖中常添加适量糖粉或方登（微晶糖）作为引晶的晶种。 淀粉糖浆用量范围为20%～100%。糖浆可以增加弹性，过量可导致胶质性，并影响充气水平。宜选用DE值高的淀粉糖浆，即高转化淀粉糖浆。这样可提高配方的应用比例，而不致产生搅打性能的相反作用。DE值愈高，保持糖果的湿润作用愈佳。 转化糖浆用量5%～15%，它有吸湿功能，有利于保持棉花糖的水分和柔软度。但甜度较大，吸湿性大，不宜多用，其用量根据季节和地区干湿情况而定
2	特征原料	充气剂	明胶是求斯糖的主要充气剂，一般用量为1%～2%，多选用冻力160～180Bloom，冻力过高或过低均不利于充气。 酶解植物蛋白或乳清蛋白一般作为求斯糖的辅助充气剂，用量为0～0.3%	牛轧糖的主要充气剂为卵蛋白，或酶解植物蛋白质和乳清蛋白质。卵蛋白通常采用喷雾干燥的卵蛋白干，用量为1%～2%。 除卵蛋白外，明胶也被用作发泡剂，可根据产品品质、工艺要求而定	① 明胶：动物胶原蛋白，用量为2%～5%，能生成一种有弹性的质构。常采用酸法提取的明胶，pH值5.0～6.0，冻力200～250Bloom。 ② 蛋白质：如卵蛋白干、水解黄豆蛋白和乳清蛋白，其用量为1%～1.5%，能生成软而脆的质构
		复配	复配能为糖体提供适宜的咀嚼质构，如多糖、糊精、麦芽糊精，还有其他亲水性胶体，包括阿拉伯树胶等，都能增强糖体优良的咀嚼质构，适当用量也可以相对地减少一些淀粉糖浆的用量，提高砂糖比例。一般用量为0～5%，可根据实际情况需要进行增减。变性淀粉添加量为1%～2%	通常不需要。除了添加明胶外，还未见到添加其他胶体的报道	可添加琼脂、果胶、树胶和变性淀粉、糊精等材料，产生不同的口感和风味。①树胶：主要是阿拉伯树胶，用量为20%～30%，能生成有韧性的咀嚼质构。②变性淀粉：用量约为配方中的11%，能产生稳实的咀嚼质构。③琼脂：用量为1%～2%，能生成轻而软的质构。④海藻胶：用量0.5%～1%，可产生韧性质构

序号	项目		低度充气类：求斯糖	中度充气类：牛轧糖	高度充气类：棉花糖
3	组织方面	油脂或保湿剂	油脂能克服糖体在咀嚼时的粘牙性质，防止粘连，起到润滑作用，如棕榈油或椰子油，其熔点为30～33℃，如能与乳化剂或甘油结合一起应用，更能促进产品的润滑性质。用量通常≤5%，也有高达10%的情况	脂肪可起润滑作用，但也会削弱和破坏泡沫的形成与稳定，添加量在较低水平（约2%）。最好是硬脂或塑性油脂，熔点在33℃左右，如硬性或塑性的椰子油和棕榈油。不饱和程度高的油脂在泡沫体糖体结构中很容易酸败变质	为了保持制品本身的湿度平衡，棉花糖常添加润湿剂，如山梨糖醇或丙三醇等，以补充淀粉糖浆润湿性能的不足，山梨糖醇添加量可达4%以上，丙三醇的添加量为3‰左右
		乳化剂	大多数乳化剂均可采用，以磷脂为佳。一般用量为0.3%～0.5%	由于油脂用量不大，可以不用乳化剂	
4	调香调味	香味料	水果味香精用量为0.1%～0.3%，一些增香剂可增强水果香味，如乙基麦芽酚，用量为10mg/kg	最常用的为香草粉、香兰素或乙基麦芽酚等	可添加：香草粉、香兰素、乙基麦芽酚
		乳制品	一般用量：全脂奶粉0～3%，或甜炼乳0～10%，奶油0～2%	奶粉适量	奶粉适量
		其他	酸味剂用量为0.5%～0.8%，其中苹果酸占20%～50%；浓缩果汁2%～10%	可可粉或可可液块等。各种果仁都是极好的香味料来源，杏仁是最好的	可添加可可粉、椰蓉等
5	调色		按品种添加食用色素2g/100kg左右，＜1/10000	通常不需要调色	按品种添加食用色素

二、配方举例

配方举例如表3-2所示。

表3-2 求斯糖、牛轧糖、棉花糖配方举例

求斯糖			牛轧糖			棉花糖		
原料	例一	例二	原料	例一	例二	原料	例一	例二
淀粉糖浆	50kg	54kg	淀粉糖浆	50kg	60kg	白砂糖	45kg	36.5kg
白砂糖	35kg	42kg	白砂糖	40kg	40kg	淀粉糖浆	25kg	36.5kg
氢化植物油	4kg	5kg	果仁	30kg	32kg	明胶	1.5kg	2.5kg
明胶	1.0kg	1.4kg	奶粉	2kg	5kg	蛋白发泡粉	0.75kg	—
柠檬酸	0.7kg	0.7kg	奶油	2kg	2kg	香兰素	30g	0.1kg
苹果酸	0.2kg	0.2kg	蛋白干	0.45kg	—	香油	—	0.1kg
香精	0.2kg	0.2kg	蛋白发泡粉	—	0.32kg	色素	—	0.01kg
色素	2g	2g	香兰素	50g	80g			

第四节　充气糖果工艺设计

一、工艺组成与操作要点

充气糖果的工艺组成如图3-7所示，其操作要点见表3-3，我们将求斯糖、牛轧糖、棉花糖并列，放在一起，便于对照、理解。

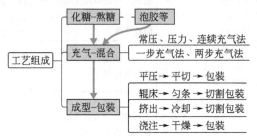

图3-7　充气糖果的工艺组成

表3-3　求斯糖、牛轧糖、棉花糖的操作要点

序号	工序	低度充气类：求斯糖	中度充气类：牛轧糖	高度充气类：棉花糖
1	泡胶等	将明胶添加1.5倍的水，使其吸水浸透，用水浴加热溶化	将蛋白干加2倍水，浸泡30min进行复水，使其完全化成溶液，放于搅拌机锅中	将明胶加2倍的水，浸泡30min，使水分子渗透到明胶颗粒中间，形成浸润的胶冻
2	化糖	将白砂糖加30%的水，加热溶化、沸腾，保证完全溶解，然后加入淀粉糖浆，煮沸，过滤到熬糖锅中		
3	熬煮	糖浆熬煮温度是根据最终产品水分多少和充气过程水分挥发多少而定。一般来说，求斯糖熬煮部分的最终浓度应达到95%以上，对应的终点熬煮温度需达132～134℃，有时可接近142℃左右；连续熬糖（抽真空）熬煮温度大致为124～126℃，此时熬煮物料的质感呈硬脆性，才能达到产品最终水分的平衡	通常加热熬煮至138～140℃，熬煮温度的选择要根据产品的质构要求与气候条件而定。 如果后续采用一步充气法，则将糖液直接熬到终点。 如果是采用两步充气法，则注意在途中的120℃左右取出1/4左右的糖浆进行冲浆，剩余的糖浆熬到终点	① 熬煮法：适用于含蔗糖高的配料，熬糖温度可控制在116～120℃，倒入搅拌锅中，加入明胶。 ② 半熬煮法：适用于含蔗糖量低的配料，糖类溶液加热至82℃左右，倒入搅拌锅中，加入明胶。 ③ 冷加工法：适用于含水量高的棉花糖，配料保持60℃搅拌溶化，倒入搅拌锅中，然后加入预先溶化的浸泡明胶
4	充气	① 常压充气法：先慢速搅拌使明胶胶冻溶化，与糖浆混合均匀，再高速搅拌充气，搅拌20min左右，取出一些充气糖膏，将其浸入冷水中冷却，至软硬适中略有一些脆性程度时	① 一步充气法：卵蛋白溶液预先制成气泡糖基，再与糖浆一起低速混合，输入压缩空气进行快速搅打充气，约3min；当充气压力达到0.3MPa时，即可停止充气。	① 常压充气法：适宜于小型以刀平车切割成型的生产。采用立式搅拌机，一般转速为160～200r/min，搅打10～15min，会使体积增加2～3倍，密度为0.4～0.5g/cm³，即可停机，取下，进行成型。

序号	工序	低度充气类：求斯糖	中度充气类：牛轧糖	高度充气类：棉花糖
4	充气	即可停止充气，添加辅料，慢速搅拌，混合均匀后即可出料。 ② 压力充气法：将充气剂明胶胶冻和各种辅料全部加入密闭的充气锅中，然后输入经真空处理降温后的熬煮糖浆，与各种辅料混合均匀，再通入压缩空气进行搅拌充气。当压力逐渐升高至0.3MPa（约3min）时，即可出料，进行冷却成型	② 两步充气法：a.将复水浸泡溶化的卵蛋白溶液置于搅打机的锅体内，快速搅打5~10min，形成洁白的气泡体。同时添加少量的淀粉糖浆，提高泡沫稳定性。b.糖液熬至120℃左右，取出1/4左右的糖浆，均衡加入a中，继续进行第二次搅打充气。c.剩余的糖浆加热熬至138~140℃，然后停止加热，加入b中，混合均匀后，再加其他辅料，稍经混合即可	② 压力充气法：适宜于中小型以连续滚压截切成型或浇注成型的生产。启动搅拌器，将复水的明胶与发泡蛋白液、糖液混合1~2min，混合均匀，然后通入压缩空气进行充气，充气约3min，压力升至0.3MPa，关闭压缩空气，停止充气。 ③ 连续压力充气法：生产速度快，批量大，适宜于大中型以挤出成型的生产
5	成型、包装	① 平压平切法：辅料与糖膏混合均匀，倾倒于冷却台板上，翻覆冷却均匀至一定塑性时，分块，用手压成方块形，通过平车平整至厚度约8mm，然后继续冷却至一定硬度，通过刀车切割成约1.8cm方形糖粒，进行包装。 ② 参照前一章，经辊床→匀条→切割包装。 ③ 经挤出机挤出糖条，经过冷却隧道冷却后，进行切割包装。	① 平压平切法：将糖液倾倒在刷油的冷却台板上，摊平进行冷却，分块，用手压成方块形，用平车滚压成一定厚度，再用刀车切割成长方块，进行包装。 ② 片式成型法：糖膏经过直径很大的辊筒做相对转动形成粗大糖条，经两对辊筒（与冷却水系统相连）压成一定厚度的连续板片，经冷却隧道，由一组圆刀片分切成糖条，再进行切割包装。要求物料处于塑性状态，保持60℃左右	① 平压平切法：冷却台板上预先撒上干燥淀粉或烘烤过的椰蓉，将糖膏倾倒上去，分割成方块，表面撒上淀粉及椰蓉，用手工或平车压平整，放置冷却15~20min，通过刀车切割成小块形，即可进行包装。 ② 挤出成型法：经过棉花糖挤出机挤成糖条，可调色，进行色泽组合，输送带上撒上干燥淀粉，切割成型后筛去淀粉，经过低温干燥后包装。 ③ 浇注成型法：见后面的淀粉模与浇注成型

二、方登与砂质化

砂质化是使糖果产生一定程度的返砂，处于一种微小的结晶状态，从而改变了糖体的组织结构。砂质化的方法，在低度充气糖果（包括低度充气型奶糖）、砂质型焦香糖果中都有应用。因此，在这里单列出来介绍。

1.方登

方登是实现砂质化的材料。方登是由英语fondant音译而得名，意为微晶糖膏，它是由固、液两相组成的混合物。固相主要是砂糖微晶，其大小通常在5~50μm之间。微晶颗粒在30μm以下，品尝时舌头上无颗粒感；10μm以下，具有细腻润滑的口感。液相为部分砂糖和淀粉糖浆组成的非结晶饱和糖浆。一般砂糖微晶相占50%~60%，糖浆相占50%~40%，常温下呈白色、可塑、柔软的糖膏。

① 制造方登的配方　白砂糖：糖浆=（2:1）~（4:1），通常采用3:1。这

个比例决定方登中砂糖微晶的多少。淀粉糖浆的比例越大，方登中微晶的比例越小；淀粉糖浆的比例越小，方登中微晶的比例越大。

② 制造方法　把水、白砂糖、淀粉糖浆加入夹层锅内，打开蒸汽，并进行搅拌，使白砂糖彻底溶化，并继续加热蒸发掉多余水分，提高糖浆的浓度。熬制的终止温度为118～120℃，即停止加热。提前打开方登机的冷却水（水温≤20℃）。将熬制好的糖液加入方登机的容器内，启动机器，打开放料口，调小流量，从方登机出料口中有乳白色稠状液流出，此即方登。

③ 制造原理　还原糖对砂糖具有抗结晶能力，控制还原糖量就能控制糖浆的抗结晶能力。当一种糖浆中的还原糖不能全部抑制砂糖结晶时，在急速冷却的情况下，就有一部分砂糖受刺激起晶，析出细小的晶体；另一部分砂糖不能重新结晶而成为糖浆，这样的一种混合物即为方登。

④ 工艺参数　熬糖温度是工艺中的一个重要参数，因为温度决定方登中的水分含量和软硬度。熬糖温度越高，方登中的水分越少，硬度越大；熬糖温度偏低，方登中水分偏高，产品偏软。一般熬糖温度为118～120℃，方登含水量为10%～11%。

2.砂质化

砂质化即要求物料内的糖浆处于一种微小的结晶状态，使糖果产生一定程度的返砂，从而改变了糖膏固体的组织结构。

砂质型低度充气糖果不同于韧性低度充气糖果的品质特征，主要体现在质构特性的差异。韧质低度充气糖果仍属于非结晶状态的固体，其质构特征是致密、黏稠、具有弹性。砂质低度充气糖果则属于糖类微晶分布状态的固体，其质构特征是软嫩、细腻、具有脆断性。口感评价的明显差异，表明最终形成的这两种低度充气糖果的物态结构是不同的。

返砂方法一般有两种，即直接返砂法和间接返砂法。

直接返砂法是先将一部分含砂糖比例高的物料熬煮成饱和状态的糖浆，进行搅拌，促使其中砂糖形成晶核，随后全面返砂。同时将另一部分含砂糖比例低的物料也熬煮至规定浓度，加入到第一部分起砂的物料中，混合均匀。

间接返砂法，首先要制备方登。将各种配料熬煮到一定浓度后，加入20%～30%的方登，经过均匀混合后，糖膏就逐渐起晶，至达到所需的起晶程度为止，最终使产品产生细微的砂质质构。或加入2%～5%的方登，混合均匀后，在烘房内40～50℃的环境中保持一定时间（8～12h），整个糖膏就逐渐产生微结晶。当糖膏拉开即断时，说明砂糖已产生足量的微晶体，使糖体的黏度降低，延伸性和收缩性减弱，从而限制糖粒的收缩变形。

三、淀粉模与浇注成型

将淀粉作为固定的浇模手段，是一种特殊的成型方式，不仅在高度充气糖果中采用，在凝胶糖果中也广泛采用。因此，在这里单列出来介绍。

利用淀粉作为一种模型介质来制作各种形态的粉模，已有很长的历史，至今仍被世界各国工厂广泛采用。这是因为淀粉粉粒具有较好的光滑性、流散性、导热性与脱模性等功能特点。此外，利用淀粉制作粉模具有很大的灵活性，生产费用较低。

1.流程图与设施

（1）流程图

粉模浇注成型的流程图，见图3-8。

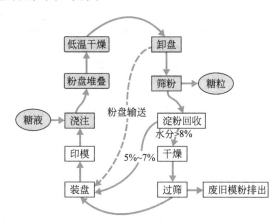

图3-8　粉模浇注成型流程图

在图3-8中，低温干燥在烘房中完成，其他工序由粉模浇注成型自动化生产设备完成。这个流程图有多层作用的重叠，如下所述。

① 糖液成为糖粒的过程：糖液→浇注→粉盘堆叠→低温干燥→卸盘→筛粉→糖粒。

② 粉盘的循环过程：卸盘→粉盘输送→装盘→印模→浇注→粉盘堆叠→低温干燥→卸盘。

③ 淀粉的循环过程，分以下两种情况。

a.淀粉的水分含量为5%～7%，不需要进行干燥：卸盘→筛粉→淀粉回收→装盘→印模→浇注→粉盘堆叠→低温干燥→卸盘。

b、淀粉的水分含量＞8%，需要进行干燥，增加干燥环节：淀粉回收→干燥→过筛→装盘。

（2）设施

粉模浇注成型自动化生产设备，见图3-9。

在生产过程中，料仓1中的粉盘2（长方形浅盘，其中装有模粉及已在模腔中浇注有糖液并经烘干后凝结成粒状的软糖）由往复式推杆机构3按照规定的工作节拍，逐一被推送到传送轨道上，从右向左做间歇式输送。当粉盘被推送到翻盘工位时，在翻盘机构4作用下翻转一定角度，把盘中的模粉及软糖一起倒出，经溜槽14

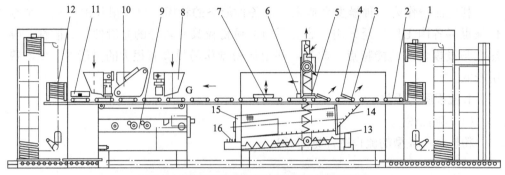

图3-9 粉模浇注成型自动化生产过程示意图

1—料仓；2—粉盘；3—输送机构；4—翻盘机构；5—模粉装填；6—刮板；7—印模；8—浇注糖液；
9—控制系统；10—夹心物充填装置；11—撒粉装置；12—粉盘堆叠机；13—螺旋输送机；14—溜槽；
15—回转式圆筒筛；16—糖果输送带

进入回转的圆筒筛15中。随着圆筒筛的转动，糖果从其左端排出，并由输送带16运送到下一道工序处理，而模粉则从圆筒筛孔中透过，落入螺旋输送机13，送往模粉回收处理装置，并重复使用。

倒空后的粉盘随之恢复到原水平位置。当它被推送到装填模粉工位5时，自动进行模粉装填作业。随着粉盘的前移，刮板6就把高于粉盘的模粉刮平除去。当粉盘被推到印模工位7时就进行印模。接着再经过1～2个工位的糖液浇注8+10，在11表面喷撒一定厚度的淀粉后，粉盘就由堆叠机12进行堆叠，再用叉车把它送往下一道工序进行烘干处理，然后用叉车把已烘干的粉盘送到料仓1，进入下一轮生产循环。

（3）烘房

目前，国内外大都采用厢式烘房进行干燥。烘房大小可根据班产量及房屋结构设计，最好是每班产量能做一个烘房或两个烘房。这是考虑到进出烘房时间对同一烘房内的粉盘来讲是统一的，不易产生堵塞。

国外最大的烘房有大至400m²的，而国内有小到20m²的，一般较适宜的大小为30～70m²。

2.操作要点

① 模粉 制模淀粉采用未改性的玉米淀粉，并加入0.5%的食用油。添加时采用自动搅拌机边搅拌边喷洒的方法，将油拌入到淀粉中，以确保均匀分布。为防止油的蒸发和淀粉糊化，粉模在浇模前先在70～75℃下干燥24～36h，至水分含量为5.0%～7.0%，冷却至35℃待用。

添加食用油的目的是加强淀粉的可塑性和密度，改善制品打印特性，使加工运输及干燥过程中所产生的粉尘降低到最小。粉模品质要求：易打印，不塌陷变形，有理想的吸湿性，不产生怪味，易于机器加工传输，易同糖粒分离。

② 印模 印模装置要保证印模模型位置排列准确，印模头上下运动定位精确，

不产生摇摆。印模在离开模粉时，能顺利地分离，不影响已印成的粉模，同时模板提升时能排除真空，避免粉模变形；模板冲程和位置可以调节，即使在最快的压印速度下，也能保证粉模的完整。印模时要使淀粉模腔中的空气便于排出，保证模腔表面光滑、清晰。要保证模板与粉盘平行，模腔大小、深浅一致。此外还要求模型和模板易于安装和更换。

③ 浇注　粉盘准确地连续向前传送，浇料斗与泵的动作与模盘传送完全同步，泵的注嘴与冲程跟着模盘向前运进，以免糖料溢出，拖尾或导致其他废次品。

一般浇注成型的棉花糖体，不同于切割成型的糖体，要求黏度低、流变性好，且成型后不留"尾巴"。如果浆料太稠，可加稀糖浆。

④ 干燥　浇模成型的软糖含有大量水分，对软糖的口感有很大的影响，需要经过干燥除去部分水分。对于棉花糖，烘房的温度不宜过高，一般在40℃左右。干燥时间视产品的规格大小来掌握。当干燥至软糖水分不超过12%～16%时，结束干燥。

第四章
奶糖糖果：设计、配方与工艺

Chapter 04

奶香是人们最为熟悉和喜爱的香气之一，具有奶香的食品是人们十分喜爱的。

奶糖具有奶香，这是奶糖区别于其他糖果的特征。高质量的奶糖具有牛奶的独特芳香，口感舒适，醇厚甜美，营养丰富，深受人们的喜爱。

因此，奶糖设计的关键就是调香，模拟浓郁的牛奶香味，从特色原料乳制品等入手，兼顾熬糖设备的局限和影响，通过配方设计与工艺设计，形成奶味丰满、自然的奶糖糖果。其内容如图4-1所示。

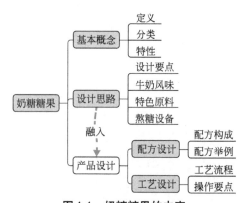

图4-1　奶糖糖果的内容

第一节　奶糖糖果的基本概念

一、奶糖糖果的定义

在SB/T 10022—2017《糖果 奶糖糖果》中，对奶糖的定义为：以食糖和/或糖浆或甜味剂、乳制品等为主要原料制成具有乳香味的糖果。

二、奶糖糖果的分类

奶糖主要分为三类：胶质型、砂质型、硬质型。如图4-2所示。

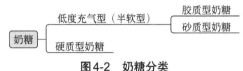

图4-2　奶糖分类

① 胶质型奶糖　糖体剖面有微小的气孔，带有韧性和弹性，耐咀嚼。传统奶糖都是韧性质构。胶质奶糖是我国首创的糖果品种，历来在国内糖果消费市场上占有一定份额。

② 砂质型奶糖　糖体内有较均匀微晶体的奶糖糖果。为了改善口感，在胶质奶糖中加入一定量的方登，其性能就发生了根本性的变化；方登的微晶均匀地分布在胶质网状骨架中，降低了奶糖的黏度，在口中溶解速度快、奶味浓。同时胶质网状结构抑制微晶的扩大，起着稳固作用。

③ 硬质型奶糖　糖体硬、脆。代表性产品是悠哈特浓硬质奶糖。20世纪末，日本首先以突出味觉的悠哈特浓牛奶糖进入我国市场，并进一步在我国建厂生产。

三、奶糖糖果的特性

奶糖是富有天然牛奶风味、色泽洁白的糖果。其中，硬质型奶糖坚硬易脆裂，并具有滑润香浓的口感；半软性奶糖质地致密、细腻柔韧、带有韧性和弹性，耐咀嚼，是一种低度充气糖果，其质地与求斯糖非常相似。

奶糖除了纯正浓郁的牛奶风味以外，其营养价值也受到消费者青睐。市场上曾一度流传某品牌的七粒奶糖可冲成一杯300mL的牛奶。

第二节　奶糖糖果设计思路

一、设计要点

奶糖糖果的设计要点可归纳为：

牛奶风味为基础，

特色原料来开路，

熬糖设备要兼顾，

最终融入常规路。

其中的关键是调香，模拟出浓郁的牛奶香味，使味感自然、协调、丰满。

奶糖的设计要点如图4-3所示，首先了解牛奶风味的内容，以此作为知识基础，

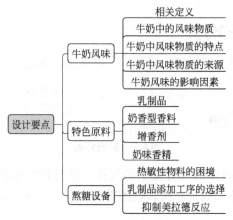

图4-3 奶糖的设计要点

然后进行调香，从特色原料（乳制品、奶香型香料、增香剂、奶味香精）入手，形成奶糖的奶味，同时兼顾熬糖设备的局限和影响。

最终将特色原料和熬糖设备的影响融入到常规套路中去，在配方设计、工艺设计两条线上把设计补充完整。其中，硬质型奶糖参照硬质糖果，胶质型、砂质型奶糖参照低度充气型糖果。

二、牛奶风味

1.相关定义

食品风味，广义上是指食品入口前后对人体的视觉、味觉、嗅觉和触觉等感觉器官的刺激，引起人们对它的总体特征的综合印象；狭义的食品风味，是指食品刺激人类感官而引起的化学感觉，即食品的香气（鼻腔闻到的）、滋味和香味的统称。

风味物质是指能产生风味的化学物质，包括香味物质和臭味物质，这些物质一般具有挥发性。

牛奶风味是指新鲜牛奶中所含的部分脂溶性和水溶性挥发成分刺激鼻腔和口腔黏膜引起的综合反应。牛奶风味大体上主要包括奶的气味、呈味和适口性三个部分，气味是由挥发性物质经过若干次组合产生的。

2.牛奶中的风味物质

牛奶风味活性物质是指引起牛奶产生一种特有风味的一些化学物质，多属有机物，主要包括游离脂肪酸、醇、酯、内酯、醛、酮、酚、醚、含硫化合物及萜类等多种有机化合物。

根据目前国内外乳风味的相关研究报道，发现牛乳中的风味物质大概可以分为以下几类。

① 酸类化合物　目前已从牛乳中测出100多种酸类，主要是$C_2 \sim C_{18}$的偶数碳饱和羧酸，$C_{10} \sim C_{18}$的偶数单烯酸等。

② 羰基化合物　牛奶及其奶制品中的羰基化合物主要是醛类和酮类化合物。

醛类是挥发性风味物质最重要的组成，由于它们的风味阈值较低，因而这些含碳化合物在牛奶及其奶制品的香味形成中起着重要的作用。醛类化合物主要有3-甲基丁醛、戊醛、乙醛、庚醛。

酮类化合物是牛奶风味物质中种类最多的挥发性物质，主要是一些碳原子数目较高的化合物。

③ 酯类化合物　牛奶及其奶制品中的酯类化合物主要有$C_1 \sim C_{10}$、C_{12}脂酸的甲酯或乙酯，以及苯甲酸甲酯。可能来源于牛奶中甘油三酯和磷脂的水解，细菌或乳中的脂酶能将乳脂肪降解成$C_4 \sim C_{10}$的游离脂肪酸。

④ 醇类化合物　醇类物质可能来源于化学降解，也可能涉及部分微生物活动，它们的风味阈值比醛类高，因此它们对风味的影响不及醛类物质。

⑤ 芳香族化合物　主要有甲苯、乙苯、苯乙醛、游离态芳香族酸、共轭态芳香族酸和共轭态苯酚等。

⑥ 杂环化合物　呋喃类、吡咯类、吡嗪类以及其他含S、N、O的杂环化合物对在牛奶及奶制品的加热、干燥和储存过程中风味的形成起重要作用。这些杂环化合物可能来自不同的途径，有的来自还原糖和氨基酸之间发生的美拉德反应，美拉德反应产物经过热降解和重排，或通过α-氨基酸的热降解，也可以通过α-二羰基化合物和含有氨基的醛类物质之间发生反应形成。

⑦ 硫化物　目前在新鲜牛奶和奶制品中测出了二甲硫醚、硫化氢以及其他许多含硫化合物，如甲硫醇、二甲基硫、二甲基二硫化物、三甲基二硫化物、羰基硫化物等。

3.牛奶中风味物质的特点

牛奶中风味物质的主要特征是：

① 分子量小　牛奶中风味活性物质的分子量一般小于400Da。

② 多样性　大多数风味物质是经过各种化学反应转化而来的，因而性质各异，具有几十种类别。

③ 不稳定性　牛奶中风味物质的含量一般从小于$1\mu g/L$到$1.0 \times 10^6 \mu g/L$，牛奶中风味物质的阈值一般从小于$0.001\mu g/L$到大于$1000\mu g/L$。

4.牛奶中风味物质的来源

牛奶中风味物质的来源有多个方面，不能仅仅局限于某个单一的方面。大量研究表明，鲜奶中风味物质的来源主要有以下四种途径。

① 饲料所含的一些风味活性物质，不经过任何改变直接从饲料中通过血液进入乳腺组织。

② 反刍动物采食后，饲料中一些风味活性物质在反刍动物的瘤胃中发生一系列的生化反应，形成新的风味活性物质，被机体吸收后进入乳液。2004年，Carpion研究表明，一些植物被动物采食后，其中的一些独特化合物在瘤胃内被氧

化或酸化形成新的化合物，从而被动物所吸收。

③ 一些风味化合物进入血液，在血液中发生一系列的生化反应，形成新的风味活性物质。

④ 一些风味化合物是由牛乳中的蛋白质、脂肪和碳水化合物降解而成，或者是由每一类物质的衍生物之间相互反应而生成。

5.牛奶风味的影响因素

① 不正常牛奶的香味变化　不正常的矿物质和蛋白质组成（高氯化物和低酪蛋白）造成的咸味。

② 牛奶组分的变化　微生物和酶经常会引起酸、苦、果香、腐臭、麦芽等坏味道；油脂氧化会使磷脂的不饱和脂肪酸变化，造成纸板味、金属味、鱼腥味、油脂味等。

③ 加热处理产生的变化　直接造成各类蛋白质的变化，有不愉快的烧焦味、焦糖香等，并影响稳定性和胶束的特性。

④ 运输中的香味变化　高含水量的液体产品容易受到外界的油溶性及水溶性细菌的污染，产生各类异味，包括消毒剂（苯酚等）的味道。

三、特色原料

在奶糖中产生奶味及增香的特色原料主要为：乳制品、奶香型香料、增香剂、奶味香精。

1.乳制品

优质的奶糖在口中具有浓郁的奶香味，而且这种奶香味呈现出天然的、愉快的、缓慢释放的效应。奶糖浓郁的自然牛奶风味依靠乳制品形成。乳制品包括浓缩甜炼乳、全脂奶粉和奶油（乳脂）等。这三种乳制品在奶糖总成分中约占30%，奶糖的奶香味很大程度上取决于所用乳制品的质与量。

（1）炼乳

奶糖最常用的乳制品为浓缩甜炼乳，是糖果中的首选乳制品。

甜炼乳是将鲜乳经真空浓缩（或其他方法）除去大部分的水分，浓缩至原体积25%～40%的乳制品，再加入40%的蔗糖装罐制成。一般，甜炼乳含乳固体30%，蔗糖40%和水分30%，分散性好，极易与其他原料混合均匀，是奶糖常用的主要乳制品，用量较大。奶糖中炼乳含量往往超过15%，甚至超过26%。

所以，奶糖的奶香味主要来自炼乳，生产优质奶糖必须选用符合质量标准的新鲜炼乳。炼乳或奶粉掺假现象偶尔有所发生，糖果企业应避免购进伪劣产品从而影响奶糖的质量。

（2）全脂奶粉

全脂奶粉是鲜奶经消毒、脱水、喷雾干燥制成的，基本保持了乳中的原有营养成分，蛋白质不低于24%，脂肪不低于26%，乳糖不低于37%，乳固体在95%以上。奶粉容易保存，使用方便，缺陷是在介质中的溶解性、分散性不及炼乳，且价格较高。

由于它是颗粒状粉粒，在分散到糖体中去时容易聚集成粒，产生粗糙感觉，对口感不利，所以用量受到限制，不宜多用，一般用量在6%左右，通常4%～8%能够让奶糖达到糖体细腻、奶香浓郁的效果。

奶粉通常与炼乳配合使用，以期获得较好的乳香风味。由奶粉用量来确定甜炼乳的用量，如奶粉用量高，相应地甜炼乳量可减少些，反之则增加甜炼乳用量。

（3）奶油

奶油是由未均质化之前的生牛乳顶层牛奶脂肪含量较高的一层制得的乳制品。国内市场上常见的奶油都是动物性奶油，即从天然牛奶中提炼的奶油。

奶油是产生乳香气的主要成分，除了对糖体能起到润滑作用外，还有助于增进糖体的乳香味，但其熔点较低，用量多会影响糖体的硬度，一般用量在1.5%左右，剩下的用硬脂代替。

2.奶香型香料

市场上的食品中加奶香的产品比比皆是，因此，奶香型香味料是食用香料香精中产量较大的品种。

（1）双乙酰（2,3-丁二酮）

酮及酮的衍生化合物（如呋喃酮、噻吩酮、吡喃酮等杂环酮类）大多具有食品中的各种香味，其中，双乙酰是最简单的奶香化合物。双乙酰，又名丁二酮，化学名称为2,3-丁二酮，分子式为$CH_3COCOCH_3$，黄色或浅绿色液体，稀释至1mg/L时呈奶油香味，混溶于乙醇、乙醚和丙二醇，溶于甘油和水中。双乙酰在通常浓度时并无奶香，而只有稀释到万分之一以下时，才具有奶香特征。双乙酰的风味阈值相对较低（1.5～5.0μg），因此可以在浓度较低的情况下赋予产品浓郁的风味。因此，在使用它作为奶香香料时，需进行认真的剂型调制、配制，以适合不同食品对奶香香味的不同风味要求。

天然的双乙酰存在于茴香、水仙、郁金香、覆盆子、草莓、薰衣草、香茅、岩蔷薇及奶油中。在食品工业中，双乙酰主要用作软饮料、冷饮、焙烤食品、糖果等的增香剂，在乳发酵制品的滋味与香味中，双乙酰也是起作用的重要化合物之一。

（2）乙偶姻

乙偶姻为双乙酰的还原形式，香味远弱于双乙酰。其化学名称为3-羟基-2-丁酮，又名乙酰甲醇，属低碳羟酮类香味料。它本味奶香，在高浓度时，具有浓郁强烈的奶油香气，使用浓度低时（×10^{-6}级），亦具有雅淡清新的鲜奶味道，因此，它的奶香品质极佳。乙偶姻溶于水，但不溶于植物油，沸点148℃，相对不高，在烘烤食品中常采用后加香的方法使用。纯品外观为无色或淡黄色液体，能自燃，可还原费林试剂，可生成二聚体白色结晶，但加热可解聚。乙偶姻香料的性价比较适中，使用十分方便。

（3）丁位内酯类

内酯类化合物是香料家族中具有珍贵香气的一族，分大环（C数13个以上）、芳香和脂肪类别。具有厚重奶香香味的是丁位（δ位）脂肪内酯化合物，己、庚、辛、壬、癸等碳数的丁位内酯都有奶香香味，而具代表性的丁位癸内酯和丁位十二内酯，更是优良且已商品化的奶香型香味料。

丁位内酯又称δ-内酯，实际上是δ位置上有一个羟基的脂肪族羧酸，该羧酸经分子内脱水，即环化成δ-内酯。内酯类香料是香料家族中成员最少的一类，而且在自然界中存在的量很少，内酯类化合物在香气上与相应的酯类有一定的相似之处，但更有自己的特征香气，具有留香时间长、香气圆润及增香作用。如大部分内酯具有椰子、桃子等水果香味，δ-内酯往往更富有奶香香味，且香气更为柔和。内酯型香料广泛地用于糖果、软饮料、冰淇淋、烘烤食品、人造奶油、糕点等食用香精中。常用的δ-内酯香料有如下化合物。

① δ-庚内酯：有奶香，天然存在于奶制品中。

② δ-辛内酯：有奶油、乳脂香味，天然存在于牛奶以及桃、杏、椰子、覆盆子等水果中。

③ δ-壬内酯：有坚果、奶香，存在于芦笋、白脱、牛奶、热牛肉、猪肉、鸡肉、康酿克、啤酒、白葡萄酒、朗姆酒中。

④ δ-癸内酯：有奶油香味、椰子和桃子样的果香香气，天然存在于黄油、奶酪、桃子、杏仁、椰子、草莓、覆盆子、芒果和茶叶中。

⑤ δ-十一内酯：有椰子、桃子样乳脂香味。天然存在于椰子、牛奶等奶制品中。

⑥ δ-十二内酯：有强烈的奶油香气和果香香气。天然存在于桃子、椰子、奶酪等奶制品中。

⑦ δ-十四内酯：有奶油香味。天然存在于白脱、椰子油中。

（4）牛奶内酯

牛奶内酯是商品名，化学名称为5-(6)-癸烯酸混合物，它实际上是一种不饱和奶类脂肪酸，在牛奶中约含有0.1g/100g不饱和脂肪酸，约占牛奶总脂肪（3.7%）的2.7%，这种极少量的不饱和脂肪酸在酶的作用下产生可贵的奶香味，它类似于不饱和丁位内酯化合物。牛奶内酯奶香气浓郁，香味持久。

牛奶内酯沸点高，可用于烘焙食品中，不像复配牛奶香精那样容易被破坏，应用前景十分广阔。

3.增香剂

增香剂也属于香料，奶糖最适用的为香兰素或少量乙基麦芽酚。

（1）香兰素

香兰素是重要的食用香料之一，是食用调香剂，具有香荚兰豆香气及浓郁的奶香，广泛运用在各种需要增加奶香气息的调香食品中，用量按正常生产需要，一般在糖果中的用量为200mg/kg。

（2）乙基麦芽酚

乙基麦芽酚使用得比较多，它是一种奶味增香剂，能有效地改良和增强糖体的奶香味。它的使用量极小，一般为1.2/10000 ～ 1.5/10000，基本不影响产品成本，效果则甚为明显。

4.奶味香精

奶味香精也称作乳香香精、乳香香味剂，是一种具有奶香香气的食品添加剂。既有天然奶味香精，也有合成奶味香精。

奶味香精虽不像氨基酸、糖和脂肪那样有营养作用，但它有能明显提高奶香气强度，矫味，并赋予令人愉悦的香气等作用，能赋予食品美好的嗅觉和味觉，可改善和提高食品的质量，起到引起食欲、促进食欲、画龙点睛的作用。

四、熬糖设备

熬煮设备对于奶糖来说是重要的基础性硬件，影响配方与工艺设计，我们从以下三个方面来说明。

1.热敏性物料的困境

热敏性物料是遇热不稳定的一类物料，遇热极易发生分解、聚合、氧化等变质反应，造成经济上的重大损失，在生产中应当极力避免。

热敏性物质的特点是对温度敏感，在不同的温度下表现出不同的性质。要划分物质是否为热敏性物质，就要根据不同温度下物质性质是否发生变化来划分。温度和受热时间是影响物质热稳定性的主要因素。

乳制品属于热敏性物料。牛奶富含蛋白质，作为原料的奶粉、炼乳及其他相关乳制品的高温熬煮就成为一个非常关键的因素，甚至是糖果产品成功与否的决定性因素。由于乳制品不耐高温，在120℃以上的高温熬煮超过5min就会出现变色、焦化、结垢等现象。这种反应称为美拉德反应，也称羰氨反应，是具有氨基的氨基酸、蛋白质与糖类的羰基在加热条件下所引起的着色反应。pH、温度、时间、水分等因素都直接影响美拉德反应。温度越高，反应速率越快（温度每提高10℃，反应速率增大3 ～ 5倍）；熬糖的温度达125℃左右时，极易发生美拉德反应。这对于奶糖的生产来说，是一道必须翻越过去的门坎，翻过去就是门，翻不过去就是坎。

2.乳制品添加工序的选择

熬糖设备直接影响着熬制出来的奶糖的品质，奶糖的制作从熬糖设备开始就决定了产品的优劣。

根据设备所产生的熬糖温度高低，我们可以把熬糖设备分为高、中、低三档。在第一章所列举的熬糖设备中，双真空低温熬糖机可视为低温熬糖设备，能够避免长时间加热导致的乳制品成分焦化、结垢、蛋白质变性、变色等一系列问题，能够熬煮出完美的奶糖，是优质奶糖生产的基础；而其他的中温、高温熬煮，乳制品变色、焦化、结垢的现象无法彻底避免。

因此，熬煮设备把乳制品的添加工序分开了。对于低温熬煮来说，乳制品是在熬煮之前添加进去，和糖液一起经过熬煮；对中温、高温熬煮来说，乳制品是在熬煮之后加入，不经过熬煮，除非添加抑制剂。

3.抑制美拉德反应

鉴于美拉德反应的机理，要防止和抑制褐变反应，可以考虑使用以下方法：①去除促进褐变反应的化合物；②调节促进因子；③使用褐变抑制剂；④其他。其中最有效的方法是使用抑制剂和去除促进因素。

最有利、有效的抑制剂是采用褐变抑制剂亚硫酸盐，它既用作酶促褐变反应的抑制剂，也对非酶褐变有效。

可用的抑制剂有二氧化硫、焦亚硫酸钾、焦亚硫酸钠、亚硫酸钠、亚硫酸氢钠、低亚硫酸钠。它们通常被称为漂白剂、防腐剂、抗氧化剂。

通常使用亚硫酸盐，它是美拉德反应的最优抑制剂。以适当的环节、适当的量及适当的反应时间为条件，亚硫酸盐可以有效地控制美拉德反应在奶糖生产过程中的发生，产物呈现诱人的乳白色。

亚硫酸钠在糖果中的限量为0.6g/kg，在此以下即可。樊亚鸣等通过实验得出，亚硫酸钠在体系中所占比例为0.27‰时可较好地抑制美拉德反应的发生，最后认为亚硫酸钠最佳用量为0.36‰，既比最小有效量过量，又小于国家的安全卫生标准，同时经口感评定，产品并无亚硫酸钠的异味。

使用亚硫酸盐也有局限性：①高温长时间仍然会有褐变反应发生；②产生二氧化硫残留。亚硫酸钠的危险性包括：①健康危害，即对眼睛、皮肤、黏膜有刺激作用；②环境危害，即对环境有危害，对水体可造成污染；③该品不燃，具有刺激性。

第三节　奶糖糖果配方设计

一、配方构成

奶糖的配方构成如图4-4所示。硬质型奶糖的构成为前三项内容，即主要原料、特色原料、辅助原料；半软性奶糖增加"半软糖原料"；如果不是低温熬糖设备，可以考虑特殊原料阻断剂。

其中，应注意的事项有以下几点。

1.乳制品的用量

乳制品的用量显著影响产品成本，图4-4中所列的数据为参考用量，应根据产品成本进行考虑。

2.奶香味与其他香味的复配

奶味糖果中流行一类奶香味与水果类或坚果类或粮食类香料复配的组合，取得

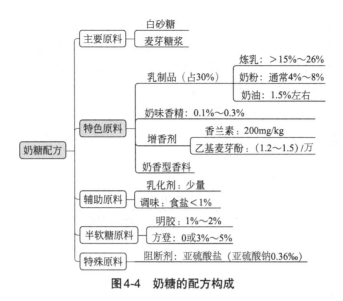

图 4-4 奶糖的配方构成

了理想的效果。

例如，牛奶味和草莓味复合，从香韵组成看，草莓香韵丰富，它具有清香、果香、酸香、甜香的特点；牛奶香韵有焦甜香、酸香、奶香的特点。牛奶香精所具有的香韵都是草莓香精同时具备的，尽管表现方向不同，但两者复配非常协调。牛奶香味本身比较平和，草莓香气又会因牛奶香气的介入而延续草莓香味、增添草莓香味的表现力。所以人们喜欢吃草莓味奶糖就不足为奇了。

再如，酸奶味和水蜜桃香味复合，奶味和玉米、红豆、红枣等粮食复合，也深受消费者喜爱。

其次，鲜牛奶、奶油、炼奶、香草之间也可互为主辅，丰富各具特色的奶香。有时为使香味更为新鲜、逼真、饱满和有特色，还可通过调香技巧来实现。比如在鲜奶基础上添加少量的甜橙香精，可增加牛奶鲜香。

3.胶体性能的改善

如果奶糖的配方中只有一种胶体——明胶，那么成品容易发生收缩、坍塌、变形等问题，解决的方法有两种：填充、复配，旨在稳定糖体的网状结构。

① 填充　典型的充填剂有粉状麦芽糊精、水溶性纤维素等，利用它们水化能力良好（一旦吸收水分后，保持水分能力较强）的特性，增强糖体网状结构稳定性，减少收缩。用量以少于5%为宜，多加后将会影响糖体的口感。

② 复配　明胶是热可逆性胶体，加入热不可逆性的具有胶凝特性的胶体，进行复配使用。明胶作为单体，在使用过程中存在一定的缺陷，通过与其他胶体的复配，可以发挥各种单一胶体的互补作用，使明胶的性能得以改善。例如，用卡拉胶、阿拉伯胶等制成复配胶。某些胶体配合使用，有相互增效的协同效应，以此取代部分明胶，对克服糖体收缩变形可以起到明显效果。

4.方登与砂质型奶糖

奶糖砂质化的目的主要是改变韧质型奶糖过于强劲的质构特性，试图适当降低糖体的坚韧性、黏稠性与延伸性，使之更加适合现代糖果消费的需要。

方登又称微晶糖，是砂糖的微结晶体，可作为糖体的晶种。它用于脆性或砂性奶糖，用量不宜太多，详见第三章第四节中的"方登与砂质化"。

二、配方举例

奶糖配方举例，见表4-1。

表4-1 奶糖配方举例　　　　　　　　　　　　单位：kg

原料	特浓硬质型糖	胶体型奶糖	砂质型奶糖
白砂糖	35	30	40
麦芽糖浆	35	65	60
甜炼乳	20	38	20
全脂奶粉	3.5	9	10
无水奶油	2	2.5	3
硬脂	—	4.5	4
方登	—	—	5
明胶	—	1.5	1.5
食盐	0.35	0.5	0.5
牛奶香精	0.15	0.2	0.2
单甘酯	0.15	0.1	0.1
香兰素	—	0.08	0.08

第四节　奶糖糖果工艺设计

一、工艺流程

奶糖的工艺流程如图4-5所示。图中的（1）（2）是指根据熬糖设备的熬糖温度高低形成了乳制品的两种加入方式。

（1）熬煮前加入

乳制品在熬煮前加入，是针对低温熬煮设备或添加了抑制剂的情况。其操作要点有以下两点。

① 混合　如果配方中有硬性油脂，应溶化，将奶粉适量加水（1∶1）调成流体，然后和其他乳制品一起混合，用胶体磨制成乳液。

② 均质　将白糖、麦芽糖浆化糖后，过滤到储料罐中，加入乳液，搅拌混合，利于管道均质泵循环均质15～30min，然后进行熬煮。

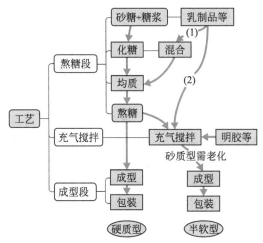

图4-5 奶糖的工艺流程

（2）熬煮后加入

熬煮后加入乳制品，是因熬糖设备而受到限制：①只适用于胶质型、砂质型奶糖，不适用于硬质奶糖；②含水分的乳制品加入量受限，如炼乳，因为带入的水分多了，会使产品发黏；然后通过搅打排除水分，所需要的时间较长。

加入方式为：甜炼乳与奶油不直接与熬煮糖浆接触，先将奶油加热熔化去除水分，与甜炼乳和明胶胶冻加在一起，再与熬煮的糖浆混合而成连续相。其优点是不会使糖体发生变色，同样也能起到一些增香作用。

二、操作要点

分为两种方式：硬质型奶糖、半软性奶糖。

1.硬质型奶糖

（1）化糖

白砂糖与水混合，水的用量为砂糖用量的30%，在蒸汽夹层锅中加热溶解，沸腾，待砂糖完全溶化后，加入淀粉糖浆混合均匀，经100目筛过滤，去除杂质。

（2）混合、均质

对于硬质奶糖来说，添加乳制品存在两种情况：一是采用低温熬糖设备；二是采用普通设备，并添加阻断剂亚硫酸钠。

将油脂溶化，将奶粉加适量水调成流体，然后和其他乳制品混合，用胶体磨制成乳液。再和化糖后形成的糖液混合，循环均质15～30min，有助于物料充分乳化、均匀，保证产品均匀的色度和细腻的质构。

（3）熬糖

熬糖工艺决定产品的水分含量等质量特性，成品的水分含量较低时，产品的质构坚脆、口感细滑，香气释放丰满、圆润。一般应保证成品所含水分含量＜2.5%。

采用真空连续熬糖，熬温138～142℃，真空度0.093MPa；采用低温熬糖设备时，熬温达到121～122℃。熬糖终点的判断：蘸取糖浆入水凉后，咬有脆响声，说明糖浆已熬成。

（4）成型、包装

可采用多种方式成型，例如：

① 浇注成型　通过香精泵加入香精，然后浇注成型，冷却，进行枕式包装。

② 冲压或切割成型　在冷却台板上反复折叠，并加入香精等，然后经过辊床、匀条机，拉成糖条，然后经冲压机冲压成型，或经切割包装机进行切割包装。

经冲压后的糖粒，为了保证糖粒圆整形态，制成的糖粒直接落到滚条转动传送带上，糖粒经滚条不断转动向前运送，使糖粒形态更加圆整，再由传送带分配到包装机组进行包装。

2.半软性奶糖

（1）明胶复水

明胶可按配方重量添加1.5倍的水，预先浸泡，水浴加热使其完全溶化，再过滤、冷却凝冻成冻胶后备用。明胶复水过程要求温度在70℃以下，以免明胶分子降解，影响凝胶强度，使凝冻力降低。

（2）混合、均质、熬糖

操作要点如硬质型奶糖。但半软性奶糖的熬糖温度相对较低一些。一般最终熬糖温度在118～126℃，根据配方，在接近熬煮终点时，用感官和口感来确定。

半软性奶糖本身具有一定的可塑性，"软"与"硬"也无恒定的标准，同一块糖随着外界温度的变化，也会起软、硬的变化；这里所指的"软"与"硬"是指在正常温度下，品尝时奶糖在口中的感觉，即糖块的适口性。通常在同一季节生产的产品，其软、硬度不应有太大的差别。从熬出的糖和充气后的糖中取样，来判断产品的火色。工厂的质检部门以糖块中的水分含量来控制糖块的软与硬。春、夏季水分含量为5.2%～6.0%，秋、冬季为6.2%～6.8%。

（3）充气搅拌

分两种方式：常压充气法、加压充气法。

① 常压充气法　这种方法适合乳制品在熬糖后加入的制糖工艺。

冲浆：将称量好的氢化植物油、无水奶油、炼乳、乳化剂加入搅打锅中，将熬煮糖液倒入搅打锅内冲浆。冲浆过程要注意原料添加顺序，避免过热糖浆直接与乳成分直接快速接触引起糖体变黄。

搅打：先慢速搅打2min混合物料，中挡搅打3min，快挡搅打3min，添加明胶冻胶搅打1min后加入乳粉或方登继续搅打5min（或搅打至糖膏不粘手为搅打终点），完成搅打。

奶糖搅打，本质上是控制糖体的水分含量与充气程度。用明胶作胶凝剂的奶糖，每锅搅打时间由30min至45min不等，视糖体的最终含水量和充气程度灵活控制。

② 加压充气法　将糖浆放进压力充气锅中，所有辅料（包括方登）放在充气锅中，进行搅拌，随着压缩空气不断进入，充气锅中压力逐渐升至0.3MPa（约3min）时，即可关闭压缩空气，停止充气，利用锅中压力将充气的糖膏排出，转移到冷却台板上冷却成型。

（4）老化

砂质奶糖的糖膏应进行老化。老化的方法：在充气搅拌过程中加入2%～5%的方登，混合均匀后，在40～50℃的环境中保持一定时间（8～12h），使整个糖膏逐渐产生微结晶。

在老化过程中，一方面方登微晶作为晶核诱使糖体再结晶；另一方面微晶重新分布，使奶糖结构稳定，晶粒不会随着保存时间的延长而长大变粗，口感仍保持细腻；消除明胶在搅打过程中形成的应力，防止奶糖收缩变形。

（5）成型、包装

成型方式包括多种，例如以下两种。

① 糖膏在冷却台板上，开启夹层冷却水，将糖膏翻覆冷却到软硬适度，放入辊床，形成粗形圆条，再输入匀条机，经匀条后进入输送冷却机台，适度冷却后，经过链式成型机成型，或经过切割包装机进行切割包装。

② 糖膏经老化后，从老化房中取出，加入挤出机的喂料斗中，挤出机预先保温40℃，挤出模头约45℃，随即启动挤出机将糖膏推进到模口，挤出成圆柱形粗条。糖条进入冷却隧道，经5层冷却输出后，即可达到有一定塑性的程度，再经切割包装机进行切割包装。

第五章

焦香糖果：设计、配方与工艺

Chapter 05

　　焦香糖果也称为太妃糖。1890年，英国人首先生产出太妃糖。作为一种舶来品，太妃糖已成为经典传统糖果之一。伴随着浓浓的香醇，太妃糖为越来越多的消费者所痴迷。

　　本章内容如图5-1所示。

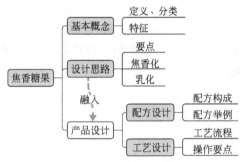

图5-1　焦香糖果的内容

第一节　焦香糖果的基本概念

一、焦香糖果的定义与分类

　　焦香糖果（太妃糖）是以白砂糖、淀粉糖浆（或其他食糖）、油脂和乳制品为主料制成的，经焦香化加工处理，成为具有特殊乳脂香味和焦香味的糖果。

　　可简单地分为硬糖（水分含量＜2.5%）与软糖（水分含量7%～9%）两大类。

二、焦香糖果的特征

　　焦香糖果的特征明显：

① 具有独特的焦香风味以及浓郁的乳脂香——味道好；

② 口感细腻润滑，质地黏稠、致密，软糖有咀嚼性——有嚼头；

③ 外观颜色棕黄——色泽诱人；

④ 富含蛋白质等营养素——营养丰富；

⑤ 经过高度乳化——糖体组织状态细腻、均一。

第二节　焦香糖果设计思路

一、要点

设计要点是"两化入一化"，即"焦香化＋乳化，融入常规化"。见图5-2。

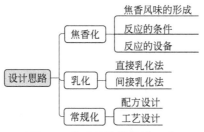

图5-2　焦香糖果的设计思路

焦香化，是焦香糖果的核心工序，形成产品的特色。焦香化的反应条件是设计的重点，是配方设计和工艺设计的关键环节。

乳化，是因为焦香糖果的油脂重，需要通过乳化剂、均质机或均质泵进行乳化。

常规化，就是将焦香化、乳化融入到常规的配方设计与工艺设计之中，形成完整的配方与工艺。

二、焦香化

从以下三个方面来理解它。

1.焦香风味的形成

风味是对糖果的外观色泽与内在香气滋味的综合评价。

焦香糖果组成中的糖与乳，经熬煮后能产生不同程度的棕色和不同强度的焦香风味，这是一个焦香化反应的结果。糖的焦香化反应和焦香程度取决于不同的条件，从而形成不同类型的品质。

焦香化反应是一个复杂的化学反应过程，主要包括美拉德反应和卡拉蜜尔反应，生成诱人的风味物质与棕色物质，从而形成焦香糖果独特的棕色外观与焦香风味，口味浓烈、香气袭人、滋味优美。这些特征并不是通过添加食用色素和香味料取得的，而是通过其基本组成在加热过程中反应生成的。

（1）美拉德反应

早在1908年，A. R. Ling曾发现甘氨酸和葡萄糖的混合溶液共热时会形成褐色的类黑精，并可以闻到香气。1912年，法国科学家美拉德（1878—1936，L. C. Maillard）对该现象进行了报道。1953年，霍奇（J.E.Hodge）等人经总结归纳，把氨基化合物（如蛋白质、胺、氨基酸等）和羰基化合物（如还原糖、脂质、醛、酮、多酚、抗坏血酸以及类固醇等）之间的一类复杂化学反应正式命名为Maillard反应（Maillard Reaction）或羰-氨反应（Amino-carbonyl Reaction）。

Maillard反应被认为是发生在食品加工过程中最重要的化学反应之一。它影响食品的质量特性，例如颜色、风味、营养价值以及食品原料的物理-化学属性。美拉德反应的产物主要是含类黑精、还原酮以及含N、S、O的杂环化合物，这些物质为食品提供了宜人可口的风味和诱人的色泽，是产品风味的主要来源。

（2）卡拉蜜尔反应

这类反应来自糖类本身，即糖类在高温熬煮过程中发生的褐变现象。

糖类尤其是单糖在没有氨基化合物存在的情况下，加热到熔点以上的高温（一般是140～170℃以上）时，因糖发生脱水与降解，会发生褐变反应，这种反应称为焦糖化反应，又称卡拉蜜尔作用（caramelization）。焦糖化反应在酸、碱条件下均可进行，但反应速率不同，例如在pH值为8时要比pH值为5.9时快10倍。糖在强热的情况下生成两类物质：一类是糖的脱水产物，即焦糖或酱色（caramel）；另一类是裂解产物，即一些挥发性的醛、酮类物质，它们进一步缩合、聚合，最终形成深色物质。

2.反应的条件

这是设计的出发点。糖果的焦香化过程和焦香化程度取决于多种因素和条件，在不同的条件下往往形成不同类型、风味和品质的焦香糖果。

糖果形成焦香特征的因素很多，归纳起来主要有以下几个：物料的组成（糖类和氨基酸）、反应温度（一般高于120℃）、反应时间（15～45min，视熬糖方式的不同而定）、pH值（处于微碱性状态为宜）、分散介质（水分含量）、金属离子铜等。

我们画出简易的示意图，见图5-3。焦香糖果能否最终获得令人满意的风味，取决于生产工艺中是否具备这些条件以及如何控制这些条件。

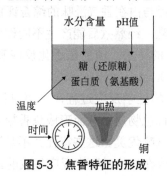

图5-3 焦香特征的形成

（1）反应底物：糖（还原糖）+蛋白质（氨基酸）

美拉德反应是一种非酶褐变，是羰基化合物（还原糖类）和氨基化合物（氨基酸和蛋白质）之间的反应。在生产过程中，糖和乳是反应过程的基本物质，糖的类型和乳蛋白质所含氨基酸的类型不同，能生成不同的产物，其反应速率也不同。

① 糖（还原糖）　在Maillard反应中，参与反应的糖主要是还原糖，不同的还原糖，反应的速率是不同的。糖液中转化糖生成量越大，葡萄糖、麦芽糖、乳糖等还原糖含量越多，其反应越强、速率越快。

实验证明，在37℃，含水量是15%时，一些还原糖反应活性的顺序是：木糖＞阿拉伯糖＞葡萄糖＞乳糖和麦芽糖＞果糖。葡萄糖的反应活性是果糖的10倍。

含非还原糖——蔗糖的食品在37℃或较低温度下，长期储藏比较稳定，但温度较高时，蔗糖的配糖键可能水解，会释放单糖成分，这样，美拉德反应仍会按照原来的路线进行。

② 蛋白质（氨基酸）　糖-蛋白质反应和糖-氨基酸的反应路线相似，在产生的挥发性物质中，除了没有斯特勒克醛类，其他各种反应产物也都存在，但是，加热糖-蛋白质系统产生的香味要比加热糖-氨基酸系统产生的香味少得多。

氨基酸的种类和浓度对反应产物香味的种类和优劣也有很重要的影响，不同种类的氨基酸在美拉德反应中可产生不同的风味物质。试验证明，不同的还原糖和不同的氨基酸、蛋白质之间反应产生的香味是各不相同的，即使相同的混合物在不同的温度条件下，所产生的香味也是有区别的。

氨基酸种类不同，就会导致美拉德反应速率和最终产物的组成及香气特征也不同。氨基化合物中以碱性的氨基酸易褐变，氨基酸的氨基在ε位或末端者，比在α位易褐变；一般胺类较氨基酸易于褐变；由表5-1可以看出，甘氨酸、丙氨酸等氨基酸于180℃和葡萄糖反应可产生焦糖香气，而缬氨酸能产生巧克力香气；苯丙氨酸则能产生一种特殊的紫罗兰香气。

表5-1　葡萄糖和不同氨基酸（摩尔比1∶1）混合加热后香型变化

氨基酸	香味	
	100～150℃	180℃
甘氨酸（Gly）	焦糖香	烧煳的糖味
丙氨酸（Ala）	甜焦糖香	烧煳的糖味
缬氨酸（Val）	黑麦面包的风味	沁鼻的巧克力香
亮氨酸（Leu）	果香、甜巧克力香	烧煳的干酪味
异亮氨酸（Lle）	霉香、果香	烧煳的干酪味
苏氨酸（Thr）	巧克力香	烧煳的干酪味
苯丙氨酸（Phe）	紫罗兰、玫瑰香	紫罗兰、玫瑰香

（2）温度与时间

这是两个互相配合而又互相制约的、极为活跃的因素。尤其是当其他各因素确定以后，如何控制反应温度和时间，使反应中生成更多的特征香味成分，同时避免反应过度而产生焦苦味等，保证产品质量，这是工艺设计中的关键点。

① 温度　温度是美拉德反应当中最重要的影响因素之一。一般情况下，美拉德反应速率随加工温度的上升而加快，香味物质也主要在较高温度下反应形成。

化学反应都是在溶液状态下的分子或离子之间进行的，反应温度越高，参加反应的物质分子活动能力越强，焦香化反应越激烈。在不同的高温下，所生成的化合物不同，所以反应温度起着非常重要的作用。它决定反应的速率和生成的物质。

多起报道称，每当温度升高10℃时，反应的产物（焦香风味物质）可以增加3～5倍，并且是递增式的上升。温度超过120℃时，反应明显。

但是，过高的温度不仅使食品中的营养物质氨基酸和糖类的营养价值下降，而且还有可能形成一些有毒物质，比如，油脂的焦化等有致癌的可能。

如果温度过低（＜80℃），反应极其缓慢，同时影响呈香风味物质的形成，达不到成品的风味效果。

② 时间　反应时间对美拉德反应产物的颜色及风味物质的生成影响显著。同样的出锅温度，由于时间的不同，其结果差别很大。这是老法生产中常见的质量问题。时间太短可能使反应不彻底，产生的香味不够厚重、浓郁；时间太长，又可能使反应过度，产生焦煳味和某些致癌物质。

整个反应过程需要一定的时间，时间的长短又受温度及其他因素的制约，特别是需要视产品色香味的要求而定，有的长达30min，有的则低于15min。传统工艺强调包括预混合在内，以40min为合理，这需要时间与温度两个因素的配合运用。

（3）水分含量

美拉德反应的强度很大程度上取决于介质的水合作用，水分是必需的，但过量的水分对反应起抑制作用。

为达到最大的反应活性，一般要求食品水分含量≥10%才行，通常以15%为宜。

在一定范围内（10%～25%），随着水分含量的增加，美拉德反应加快。当水分低于5%时，初期阶段的反应困难，而终期阶段的反应又迅速多变；完全干燥的食品难以发生美拉德反应。

（4）pH值

物料的酸碱度对焦香化反应有着重要的影响，例如，处于pH值为8左右的微碱状态下，反应较完全。

在pH值3～10的范围内，反应速度与pH值成正比关系，随着pH值上升而上升；如果超越上述范围的作用，反应是不规则的，甚至是破坏性的，是我们应该努力防止的。但氨水的存在，情况例外。

pH值偏酸性时会抑制美拉德反应，即pH值＜7时，美拉德反应会被抑制，反应速率降低。

（5）催化剂——铜

金属铁离子和亚铁离子能加速反应进度，特别是铜离子的存在，是这个反应的良好催化剂。而钙镁离子则对反应有一定的抑制作用。

老法生产太妃糖，习惯使用铜锅作为生产工具，除了因为它具有良好的导热性能外，从工艺上看，也不失为一种合理的考虑。

另外，有实验结果表明，采用敞口设备，让空气中的氧气参与，能够加快反应速率。

3.反应的设备

从焦香型糖果诞生到现在已经跨越了一个世纪，出现的用于焦香化的代表性设备有以下三种。

（1）铜锅

最早的太妃糖是在厨房中制作出来的，生产方式简单，只有炉灶、黄铜熬糖锅和简单的工具。采用铜锅的直接火熬糖方式，现做现卖，根据消费者需要，随时从大的糖块上分切出售。

这种采用铜锅直接火熬糖的生产方式存在明显的缺陷，例如规模小、批量小、劳动强度大、卫生条件差、品质不稳定等。

（2）夹层锅

明火熬糖因为存在缺陷被蒸汽熬糖所代替。夹层蒸汽加热锅，有一段时间被兼作太妃糖的熬煮锅。锅体一般由铜或不锈钢制成，锅中央有搅拌器进行搅拌，有利于物料均匀翻动。严格说来，这类设备并不是专为焦香糖果设计与制造的。

（3）八段焦化器

八段焦化器也称为焦香化器，它是专为焦香糖果进行焦香化反应而设计、制造的专用设备。从外观看，以前的铜锅、夹层锅等都是半圆形熬煮器，生产是间歇式的；而八段焦化器是槽形，糖液从槽中流过就实现了熬煮和焦香化，也就实现了连续化生产。

它由八个蒸汽夹层区组成，每四个构成一体，通常称之为前四段和后四段。各区有独立的蒸汽控制，用仪表进行显示。槽内无轴旋转片促使物料流动，由于旋片的不同倾斜角度在旋转时对物料形成剪切力，对物料不断形成分切，产生相对流动，使得物料形成正反方向不同的运动形式，产生强烈的对流，并使物料随着旋转叶片扫过加热表面；无轴旋转片中间是无轴的空间，旋转时形成强烈的对流和扩散。多种运动形式组合在一起，使物料的受热与焦香程度迅速达到一致。利用堰（也称为阀板）的拦护作用，调整物料的料位与保持时间，经过一段时间的加热熬煮，即达到所需的焦香化的糖液。通过八段蒸汽夹层区的蒸汽调节阀和无轴旋转片的变速，调节焦香化反应时间的长短。

这样，焦香化是在一定的流量、流速、温度、时间、pH值条件下的反应。最佳的反应条件和生产方式，取决于这些变量的最佳组合。

三、乳化

焦香糖果的油脂含量高，平均含油量达到8%～15%。熔融状态的植物硬化油脂、奶油和糖液等，如果加工不当，会造成油脂分离。只有经过充分乳化，形成乳浊液，才能使成品具有细腻、均一、润滑的组织状态。

乳化一般分为直接乳化法和间接乳化法两种。通常是两者同时采用。

1.直接乳化

直接乳化即加入乳化剂进行乳化。蔗糖酯、甘油脂肪酸酯、山梨糖醇脂肪酸酯、大豆卵磷脂等都被普遍使用在糖果中。用量为3%～5%（相对于油脂）。

方法是：将溶化的糖液、炼乳、油脂和乳化剂混合在一起，在低于60℃的温度条件下，均匀搅拌10min，使以上物料充分地分散，再进行熬糖。

2.间接乳化

间接乳化是通过机械设备的作用进行乳化，通常用到的设备有：胶体磨、管道式均质泵、均质机等。

方法是：将乳化剂和炼乳、奶粉、油脂混合在一起，调成流体，为了混合均匀，通过胶体磨等设备将各种物质无限分散和充分混合，制成均匀乳化的乳液，它在外观上极像从鲜乳中分离而得的乳脂，所以称为混合奶油；然后再加入到溶化的糖液中，混合均匀，并通过管道式均质泵或均质机进行循环均质，使整体形成高度分散的乳浊状态，再进行熬糖。

第三节　焦香糖果配方设计

一、配方构成

焦香糖果的配方设计相对简单，见图5-4。

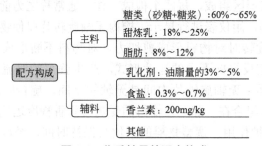

图5-4　焦香糖果的配方构成

1.主料

（1）白砂糖

白砂糖起着提供甜味和防止产品成型后塌陷变形的作用，成品中蔗糖与非结晶性糖类的比率一般控制在1.1∶1。应注意这里指所有蔗糖和非结晶性糖的总量之比，应注意炼乳中的蔗糖以及砂糖生产中产生的转化糖等影响。

在制造过程中，往往也会应用未净化的赤砂糖，其用量替代1/2的白砂糖，由于赤砂糖含有一定量的糖蜜、胶体、纤维素和无机物等物质，更能促使它在高温熬煮时产生焦香的风味。但应考虑到其容易引起产品发黏，这会成为影响规模生产的因素。

（2）麦芽糖浆

蔗糖和麦芽糖浆是焦香糖果组成的基本体系。麦芽糖浆所含有的麦芽糖、葡萄糖等还原糖促使糖、乳在高温熬煮时，产生不同程度的棕色和不同程度的焦香风味。

常用42DE的麦芽糖浆，改变糖浆类型，将会影响黏度、色泽及产品稳定性。麦芽糖浆中的大分子糖类有助于改善甜味及咀嚼性能，但如果黏度和硬度过高，可采用高麦芽糖浆来解决这一问题。使用高麦芽糖浆可增加甜度，加速焦香化反应，并影响黏度、咀嚼性、硬度和相对平衡湿度，用于夹心产品中能明显改善成品的性能。

大多数工厂有很多条生产线，不可能对每一条生产线都使用特制的糖浆。此时，利用葡萄糖或麦芽糊精加入单个产品线来调整碳水化合物的组成，具有很强的操作性。

（3）甜炼乳

甜炼乳是焦香糖果的基本组成，焦香糖果的牛奶蛋白来源主要是甜炼乳。

牛奶蛋白质中主要含有酪蛋白、球蛋白和白蛋白。糖果组成中的酪蛋白含量增加，其坚韧性也随之增强，糖果会越硬。糖果中的牛奶蛋白，除了与还原糖反应形成特色风味和颜色，还起着乳化功能，促进水、糖、油脂的稳定体系。

炼乳内的乳糖可降低糖果的甜度，并有助于焦香化反应的产生。乳糖结晶极细。炼乳内的磷脂起着天然乳化剂的作用。

乳清蛋白和水解乳清蛋白也可作为代替品用于焦香糖果生产。乳清蛋白在牛奶中含量远低于酪蛋白，但其焦糖化反应能产生类似于酪蛋白的风味。不过它影响焦香糖果的黏度，使产品更易变形。

（4）油脂

奶油常用于焦香糖果中，用来调整其特色风味，同时具有降低黏稠性、增加润滑性、促进产品定型及稳定产品结构等功能。除了奶油外，氢化棕榈油由于其抗氧化及合适的熔点，常用于焦香糖果的生产中。油脂除能增加营养价值以外，更为主要的是形成焦香糖果特殊物态体系和质构特征；熔融状态的植物硬性油脂、奶油和糖溶液经均质作用，形成乳化得相当完全的乳浊液，使得焦香糖果形成紧密、细致、滑润的组织和具有光亮的色泽。

脂肪含量在10%以上，糖体口感明显细腻和润滑。提高油脂含量的目的，是使糖体具有高度细腻和润滑的质感。

除了硬质型焦香糖果外，所用的油脂一般要求在室温条件下呈固体状态，但在体温时必须全部溶化，熔点应控制在32～35℃，炎热气候条件下也可选用熔点在35～45℃的高熔点油脂。

（5）配比

配方设计主要取决于产品需要，应结合产品成本、风味要求、咀嚼感、硬度、产品保质期以及包装的要求。一般焦香糖果的主料配比可以参考表5-2，在此基础上，再加上适量的卵磷脂、盐和香料等。

表5-2　焦香糖果的主料配比参考

原料	例一	例二	例三
葡萄糖浆	5份	4.5份	3.5份
白砂糖	3份	3份	3份
炼乳	3份	2.5份	2份
脂肪	1.5份	1.5份	1～1.5份

2.辅料

（1）乳化剂

焦香糖果中常使用乳化剂，如大豆磷脂或单甘酯等，加强油脂在糖体中的分散及稳定性，防止糖果中的大量脂肪形成脂肪束而渗出，导致表面氧化，影响产品外观。

为了保证切刀的润滑作用，乳化剂常用于切割包装的产品。冲压成型的焦香糖果中可少用乳化剂。

乳化剂的用量，可按油脂量的3%～5%添加。

（2）香兰素

香兰素用量按正常生产需要，一般在糖果中的用量为200mg/kg。

（3）食盐

除了香兰素或香料之外，食盐作为风味调节剂，可以使太妃糖的风味更加丰满。当味不足时，就能知道盐的妙处了。添加少量的盐，以不尝出明显的咸味为宜。根据经验，正常使用量为0.3%～0.7%。

（4）其他

半软性的焦香糖果主要是胶质型和砂质型，两者分别添加的辅料为明胶、方登。

① 明胶等胶体　在添加明胶的同时，为了改善糖的流动性、防止变形，常用变性淀粉、果胶、卡拉胶等稳定剂，以增加黏度，防止糖果过度返砂，降低产品的冷却流动性，增强咀嚼性。

② 方登　方登又称粉糖，制造方登的配方为白砂糖∶糖浆=（2∶1）～（4∶1），通常采用3∶1。用量约5%，根据气温调整，使产品砂质化。

二、配方举例

① 高质量太妃糖　白砂糖+葡萄糖浆64%，全脂炼乳22%，硬脂14%，再根据

需要添加其他辅料。

②太妃糖 麦芽糖浆40～45kg，白砂糖30kg，甜炼乳35kg，硬脂10～12kg，单甘酯0.3kg，食盐0.3～0.5kg，香兰素0.05kg。

③太妃糖 麦芽糖浆33kg，白砂糖30kg，甜炼乳25kg，硬脂20kg，单甘酯0.8kg，食盐0.3kg，香兰素0.2kg。

④炭烧咖啡糖 高麦芽糖浆55kg，白砂糖30kg，炼乳15kg，速溶咖啡粉4.75kg，焦糖色素适量，卵磷脂0.8kg，雀巢无水奶油5kg，车轮牌黄油5kg，苦咖啡香精0.2%。

第四节　焦香糖果工艺设计

一、工艺流程

焦香糖果的工艺，如前面所说，重点抓住焦香化、乳化这两个关键，再融入常规的工艺设计即成，其工艺如图5-5所示。

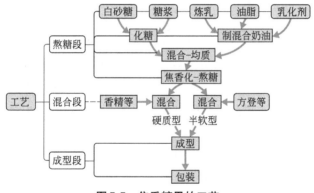

图5-5　焦香糖果的工艺

二、操作要点

1.化糖

用砂糖量30%的水将白砂糖全部溶化，加入麦芽糖浆、盐。用80目筛过滤化好的糖液。

2.制混合奶油

太妃糖生产中，原料的混合、乳化等预处理是非常重要的。将乳化剂和炼乳、奶粉、油脂混合在一起，调成流体，为了混合均匀，通过胶体磨等设备将各种物质无限分散、充分混合，制成均匀乳化的乳液。

3.混合-均质

将前面制成的乳液加入溶化的糖液中，混合均匀，并通过管道式均质泵或均质机进行循环均质，使整体形成高度分散的乳浊状态。这样，不仅提高乳浊体的稳定性，而且使焦香糖果的糖体更为细腻。因此，乳化方式的进一步探索将取得完善的乳化效果。

经过乳化，解决水、油、糖分层问题，使物料始终处于分散均匀的状态下生产，才能使成品的品质细腻、均匀和滑润。

4.焦香化熬糖

熬煮物料在高温区（120℃以上）产生完美的焦香化反应，而常压熬煮方式能满足这项要求。焦香化熬糖工艺技术参数，见表5-3。

表5-3　焦香化熬糖工艺技术参数

糖果类型	细分	常压熬糖温度/℃	真空连续熬糖温度（真空度70kPa,5～10min)/℃
硬质型焦香糖果		参照硬糖工艺	参照硬糖工艺
胶质型焦香糖果	一、四季度	124～130	116～119
	二、三季度	126～132	118～121
砂质型焦香糖果	加方登或糖粉	116～118	—
	不加方登或糖粉，二次冲浆	—	124～126（第一次冲浆温度） 130～132（第二次冲浆温度）

注：八段焦化器的进料温度为108℃，出料温度为118～120℃，熬煮时间为30min。

间歇式生产一般控制熬糖温度在124℃左右；而连续式太妃糖生产工艺，混合物充分乳化后水分应控制在17%～22%的水平，然后进料到板式换热器进行焦香化反应；反应程度取决于反应过程的时间和温度，这也决定了焦香糖果产品中保留的水分以及硬度的控制。

在整个熬煮过程中，各物料处于均匀的搅拌状态。当最终熬煮温度达到125～130℃时，最终浓度达到90%～92%，其黏度变大，流动性变小，呈稠厚的半固状态，整个体系也相应地稳定下来。

硬质型糖果的最终熬糖温度需要达到140℃左右，达到坚硬脆裂的质地，水分含量低，一般＜2.5%。

5.混合

对于硬质型焦香糖果，通常不需要加入香精等；如果需要调成咖啡味的，则加入咖啡香精进行混合；采用浇注成型时，在浇注机上用香精泵加入，进行混合。

对于半软型焦香糖果，达到规定的熬煮温度，应立即关掉蒸汽，需要时，可加入方登等，充分混合后，应尽快从锅中移出熬好的糖膏，以防止进一步的反应而生产出焦糖。

6.成型、包装

成型、包装可分为多种方式。

① 浇注成型　对于硬质型、半软性焦香糖果，可采用浇注成型的方式。熬好的糖液还处于流动状态，就将液态糖液定量注入连续运行的模型盘内，然后予以迅

速冷却和定型，最后从模型盘内分离，再随输送带送至包装机进行包装。

② 辊床→匀条→成型　对于硬质型、半软性焦香糖果，都可以采用这种方式。糖膏在冷却台板上，开启夹层冷却水，将糖膏反复折叠，冷却到软硬适度，放入辊床，将糖膏逐渐转动成圆锥状，前端拉成粗细均匀的圆条，再输入匀条机，经匀条后进入输送冷却机台，适度冷却后，经冲压成型机冲压成型，或者经切割包装机进行切割成型包装。

③ 挤出→冷却→切割包装　对于半软性焦香糖果，可采用这种方式。将糖膏加入挤出机的喂料斗中，经挤出机挤出成糖条，进入冷却隧道，冷却至一定塑性程度，再经切割包装机进行切割包装。

第六章

酥质糖果：设计、配方与工艺

Chapter 06

酥质糖果具有口感酥松、香味浓郁、甜而不腻的特点，深受广大消费者喜爱。作为一种传统休闲食品，酥质糖果口味好，甜度相对较低，在众多的糖果品种中，因其独特的香酥口味而长销不衰。

本章内容如图6-1所示，从基本概念、设计思路、配方设计与工艺设计四个方面来解读酥质糖果的设计与生产技术。

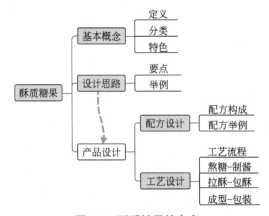

图6-1 酥质糖果的内容

第一节 酥质糖果的基本概念

一、酥质糖果的定义

酥质糖果，简称酥糖，是用食糖、碎粒果仁（酱）等为主要原料制成的疏松酥脆糖果。

二、酥质糖果的分类

根据外观可分为两类：①裹皮型，指裹有糖皮馅心的酥质糖果，即酥心糖；②无皮型，指糖体疏松的酥质糖果，通常直接称为酥糖。

根据含糖量可分为两类：①常量，采用白砂糖和麦芽糖浆等生产；②降糖，采用糖醇等部分代替白砂糖生产。

三、酥质糖果的特色

酥质糖果以酥、脆、香、甜为特色，形状规整，层次分明，口感酥脆，滋味芳香，风味独特，营养丰富，十分适口，久食不腻。

其中，酥心糖的表面独具一番特色：表面光亮，条纹清晰，体态丰满，皮薄酥多。

第二节　酥质糖果设计思路

一、要点

对于酥质糖果的特色，看一看（外观、形状和纹路）、闻一闻、尝一尝，就明显感受到了。这种特色的形成见图6-2。

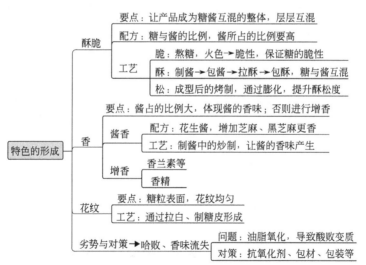

图6-2　酥质糖果特色的形成

二、举例

以酥心糖为例，说明酥质糖果的设计工艺。

1.酥、脆

酥心糖的内芯是用经过高温熬煮的糖膏，当其还处于高温可塑性阶段时，混入油籽酱，经过拉白充气和叠层处理，使芯料形成多孔的疏松体。用拉白的糖坯将油籽酱用手工包裹，以保证在拉条中硬糖坯和油籽酱能均匀而连续地出条，即形成硬糖坯和油籽酱互相间隔的层次，使糖粒馅多皮薄，不耐咀嚼，入口即有酥、脆、甜的口感。

2.香

用油料作物种籽的熟酱体（简称为油籽酱）作为馅心（常用的油籽酱有芝麻酱、花生酱、葵花籽酱、黄豆酱），外包硬糖皮而成，既具有硬糖坯的甜脆性，又有油籽酱诱人的芳香气味和滋味。

3.花纹

这是将糖皮经过拉白处理，然后与未拉白的相间，再经过拉条成型之后，就形成了别具一格的花纹。

4.劣势与对策

酥质糖果富含油脂，储存过程中容易出现油脂氧化、风味物质散失等现象，导致产品风味劣变，保质期变短。相应的对策有以下几点。

① 抗氧化剂　能够防止和延迟油脂氧化作用的物质称为抗氧化剂。抗氧化剂能清除氧化连锁反应生成的游离基，从而抑制自动氧化和延长诱导期。

② 包材、包装　包装材料要选择气密性好和不透光的，最好采用枕式包装，装袋时除选用气密性好的材料外，最好结合抽空充氮的办法，也可在密封后放入吸氧剂。

③ 避免与铁和铜接触　微量的过渡金属元素能明显地催化油脂自动氧化，特别是铁和铜具有很强的催化作用。因此，凡接触酱料的设备、工具、容器一般要采用不锈钢制品，避免与铁和铜接触。

说明：过渡金属是指元素周期表中d区的一系列金属元素。大多数过渡金属都是以氧化物或硫化物的形式存在于地壳中，在工业上用得最多的是过渡金属氧化物，它们广泛用于氧化还原型机理的催化反应。

④ 卫生条件的控制　从投料、生产到成品入库、库存，各个环节都要避免微生物污染，因为微生物在无氧条件下也能使酥糖酸败。

⑤ 库存条件的控制　库温 $5 \sim 10℃$，相对湿度60%以下，注意避光。

第三节　酥质糖果配方设计

一、配方构成

酥质糖果的配方构成如图6-3所示，主要包括三个方面的内容。

1.主体

使用白砂糖、麦芽糖浆熬出来的硬糖坯，是酥糖的基础物料。需要控制成品还原糖的含量，使用低DE值的淀粉糖浆，并在操作过程中尽可能避免蔗糖的转化。

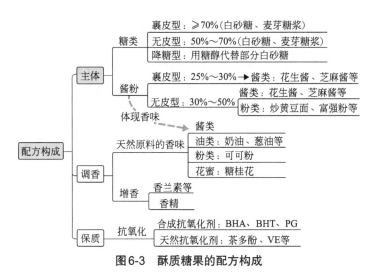

图6-3 酥质糖果的配方构成

酥心糖中的酱占25% ～ 30%。通常含酱多的酥心糖酥松度好。

无皮型酥糖中，酱与粉的用量可高达50%，而且以粉为主，如炒黄豆面、富强粉等。

为了降低含糖量，可用糖醇代替部分白砂糖，例如，赤鲜糖醇吸湿性低、溶解热高，用它代替白砂糖量的20% ～ 25%，口感清凉、甜度适中，糖皮更不易溶化，潮解速度较慢。

2.调香

每一种糖的配方都不一样，有属于自己独特的基因，这主要通过调香来实现。原料的"个性"会影响到产品的口感和风味。在配方中加入各种不同的原材料，还能开发出多种风味迥异的系列化糖果新品种。

例如，在相同的主体设计的基础上，分别添加1%葱油、1.5%可可粉、2%的奶油，就分别形成葱油味、可可味、奶油味产品。后两种可适量添加香兰素增香。果味产品可用果味香精调香，用量1‰左右。

3.保质

油脂的氧化劣变是导致花生酱和酥糖品质变差的主要因素。酱料调配时加入适量抗氧化剂，其中天然抗氧化剂以茶多酚效果为好，合成抗氧化剂以叔丁基对苯二酚（TBHQ）效果较好。

人工合成的丁基羟基茴香醚（BHA）、二丁基羟基甲苯（BHT）、叔丁基对苯二酚（TBHQ）等抗氧化剂的抗氧化效果显著，用量可按脂肪量加入抗氧化剂BHA或BHT（0.2g/kg），或加入没食子酸丙酯（PG，0.1g/kg）。但人工合成抗氧化剂的食用安全性是公众担心的问题。研究表明，合成的抗氧化剂BHA、BHT、TBHQ会引起明显的肝肿大。因此，美国、日本等许多国家相继对合成抗氧化剂的使用进行限制。

在实际使用过程中，常采用多种抗氧化剂复配使用的方法，以达到协同增效的作用。从测定酥心糖货架期和储存期内诱导时间的变化来看，复配天然抗氧化剂和液态大豆卵磷脂配合使用可以很好地抑制酥心糖中油脂的氧化酸败，从而保持酥心糖固有的风味。例如，复配天然抗氧化剂的配方：迷迭香提取物0.063%、茶多酚0.0024%、植酸0.0004%、抗坏血酸棕榈酸酯0.0004%、液态大豆卵磷脂0.5%，其使用效果优于向酥糖中添加0.02%TBHQ。

二、配方举例

酥质糖果的配方举例见表6-1，均为裹皮型；无皮型则将配方中的白砂糖和糖浆减少2/5，需要经过烤制工序的除外。

表6-1　酥质糖果配方举例

例1　红虾酥	例2　可可味	例3　奶油味	例4　花生味或芝麻味
白砂糖55%	白砂糖50kg	白砂糖50kg	白砂糖45kg
葡萄糖浆12%～15%	淀粉糖浆20kg	淀粉糖浆20kg	淀粉糖浆24kg
果仁酱30%～35%	油籽酱25kg	油籽酱25kg	花生酱或芝麻酱15kg
	可可粉1.5kg	奶油2kg	香精60g
	香兰素25g	香兰素25g	香兰素15g

第四节　酥质糖果工艺设计

一、工艺流程

酥质糖果的工艺流程如图6-4所示，主要归纳为三个方面：熬糖-制酱、拉酥-包酥、成型-包装。由于工艺流程不同，形成两类产品：裹皮型和无皮型。

二、熬糖-制酱

1.化糖-熬糖

按配比称取白砂糖、淀粉糖浆，化糖时加水量控制在白砂糖的30%，然后进行熬煮，待熬制糖体呈金黄色，熬温150℃左右时，这时用筷子蘸取糖浆拉长能成薄纸状而不断裂，入水凉后咬有脆响声，行话称起"骨子"了，说明糖浆已熬成。

真空连续熬糖，熬温136～142℃，其终点的判断相同。

要掌握好骨子的火色，其实质是产品的含水量判断。骨子老了，即含水分少时，不易操作，糖皮易碎，周转和运输过程中容易碰坏酥糖表皮，影响到酥糖的感观指标；骨子嫩了，即含水量太多时，表面无光泽，无松脆感，容易吸潮溶化，不易存放。根据季节略有变化，冬季熬得稍嫩一些，夏季熬得稍老一些。

熬制好的糖液倒入通有冷却水的冷却台上，加强翻折，当冷却至一定温度时，液体变成半固体，称为糖坯或糖膏。

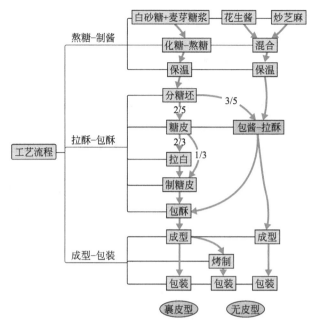

图6-4 酥质糖果的工艺设计

2.制酱等前处理与混合

对所用的原料做如下处理,并按相应配比进行混合。

① 花生的处理 选择颗粒饱满、干燥的花生仁,剔除杂质和霉变的,用远红外箱烘烤至深黄色,及时冷却晾凉,去掉外皮,磨制成酱,达到细腻无粗糙感。

② 黑芝麻的处理 黑芝麻皮薄,比白芝麻香。首先将黑芝麻清洗,用水洗净泥沙,捞起浮麻(浮麻炒后味苦)。待清洗干净后,在锅中反复炒制,须用大火炒熟,炒至黑芝麻发出阵阵香气,观其心内呈金黄色即可。去掉灰屑,然后上磨,将其磨至粗细适中,通过眼看手感,不能磨制太细和过粗,否则会影响其口感。

③ 白芝麻的处理 用水浸泡2h(冬季时间可稍长些),捞出后冲洗干净,晾干,碾去外壳,去壳的白芝麻仁既要炒熟又要保持白色。炒熟的白麻仁用筛子筛掉渣子。

④ 黄豆的处理 淘洗,去掉泥沙和杂质,入锅炒熟,研磨成豆粉。

⑤ 炒面粉 将生面粉炒熟,必须先用大火,后用小火,时时翻炒,注意防止结块、防止炒黄。如果面粉结团块,要用筛子筛。面粉炒熟后有香味,不粘牙。

⑥ 粉糖 将白砂糖用粉碎机粉碎成粉。

3.保温

① 酱料 酱料保温,是为了便于拉酥,不致因酱温低而降低糖坯温度,使糖坯变硬而不便成型,但酱温过高会烫化糖坯,不便拉酥。温度控制在80℃左右较为适宜。

② 糖坯 温度在80℃左右较为适宜,糖坯可塑性较好。

三、拉酥－包酥

1.分糖坯→糖皮→拉白→制糖皮

① 将糖膏分为两份，一般以2/5做皮，3/5做酱芯用。这是经验比例（掌握好温度，皮要软一点，心要硬一点），以这种操作制成的酥心糖，在口感上就能突出酥、脆、松、香、甜的特点。如果糖皮的糖用量大，糖芯的糖膏用量小，对酥心糖的包裹操作及拉条成型的顺利进行较为有利，但是制作出来的酥心糖，会给人造成一种糖皮厚、糖芯量少的感觉，产品的酥脆性不突出。

② 将做皮的糖坯再分为两份，2/3进行拉白后叠成长枕头状，1/3摊平包裹在枕头状糖体的外面，形成了内白外亮的糖体，包衣面朝外，拉长，对折，用剪刀从中间剪断，对折四次，即成为具有十五道纹道的长方形片状糖皮，待用。

2.包酱-拉酥

（1）裹皮型（酥心糖）

把做酱芯用的糖膏放在垫好帆布的台子上，平摊成薄片，以干净的湿布擦拭一下，以增加黏性；然后把称量好并保温的花生酱或芝麻酱倒在中间，两人一起，用糖皮紧密包裹酱芯，避免露出酱芯或包入空气，就像包饺子一样，做成饺子形；然后拉长，折叠成两层，再拉长，再重叠，均匀地把糖包拉长折叠9～12次，达到的结果是：糖体色泽光亮，但不能破裂爆酱，糖坯与酱体相互间隔，糖坯塑制成很薄的酥层，即成为组织均匀、层次分明、疏松状的糖、酱混合体，做成圆柱形。

包酱拉酥要求：包得严、拉得匀、折叠好、次数足、不露馅，以保证酥有清晰的层次结构。

要控制好糖体的温度（80℃左右）。如果温度太低，可塑性小，手工不易拉伸；温度太高，可塑性大，即使拉伸后也会使糖体僵硬不酥。

（2）无皮型酥糖

利用传统的人工拉酥技术，制成充气叠层的内芯：将一定比例的糖皮摊平，裹入拉酥的内芯，以后的工序和生产酥心糖相仿。

其包酱拉酥有迭折式和卷折式两种。

① 迭折式　取将熬好的糖膏平摊成薄片，按规定比例放花生酱或芝麻酱，迭折层次达27层，再分切，然后包装。

② 卷折式　即将熬好的糖膏取出后，用赶锤（棍）开成方形长条，按比例加花生酱或芝麻酱，反复卷折拉长成方形的双条后，按规格分切后包装。

迭折式成型酥糖从侧面看层次分明清晰，别具一格；卷折式成型酥糖为长方形螺旋状，剖面层次分明、皮芯紧箍。

3.包酥

将圆柱形的糖、酱混合体放于具有十五道纹道的长方形片状糖皮的中央，外皮对合，粘牢，不得有缝隙。

四、成型－包装

1.成型

将包好馅的糖体放在保温床上定向翻动，注意两点：①在180°～360°的幅度内滚动，防止馅芯偏向一边，而造成酥芯的外皮厚薄不匀；②保持糖体条纹并列，以免成型后的酥糖表皮纹道疏密不匀。

在可塑性最强的状态（80～90℃）下拉条。拉出的糖条要粗细一致，粗细应以糖块重量而定。去除两端无酥或少酥的糖条，留作返工品。防止在糖坯温度较高时，外皮的串动造成酥的局部不均。

酥心糖的拉条依然靠传统的手工技法完成，由熟练的工人靠经验来判断拉条的力度、时间和效果，来保证酥心糖的香、脆、酥、松。如果使用机器生产，容易将糖皮扯破，产品的组织偏硬，就吃不出酥心糖酥、脆、松的感觉。

糖条进入酥糖成型机滚轧成型，糖粒必须大小均匀一致，不能有露馅的或粘连的，这是制造合格酥糖的必备条件。

2.烤制

把烤箱加热到40℃左右，提前预热烤盘，然后把半成品糖粒装入烤盘内。糖粒之间不要太密，要留有一定的膨化空间，如果半成品之间过于密集，膨化后的产品就会出现粘连现象，成为次品。

烤箱加热到55℃左右，糖块表面开始溶化，然后停止加热，打开真空阀门，使烤箱内的真空度迅速上升到0.097MPa以上，糖体的大部分水分随水泡中的空气被抽走。糖体的体积也比以前增大2～3倍，呈圆柱形，表面有光泽。

半成品糖粒也属于充气型糖果，在拉白、拉酥过程中，混入一定量的空气，保证足够的充气量，这是糖粒膨化的前提。

3.包装

成型后的酥糖还有一定的可塑性，一定要在短时间内使糖体失去可塑性，变成固定的状态，不再变形，一般的方式是吹风冷却。及时、严密地对裸糖进行包装，特别是在温湿度较高的季节。在等于或高于室温1～2℃时即可进行包装。包装时要注意空气的温湿度，包装间最好配有空调装置，控制温度在20℃左右，相对湿度＜50%。

第七章

凝胶糖果：设计、配方与工艺

Chapter 07

凝胶软糖是一种多水分、质地柔软、黏糯且有弹性的一类糖果，具有咀嚼性好、有咬劲、不粘牙、不易龋齿等优点，加上低甜度、低热值、富含天然亲水性胶体等保健特点，成为国内近年来发展较快的糖果之一。随着人们生活水平的提高，消费者对软糖质量的要求也随之提高，并向着高档次、高品位的方向发展。

本章内容如图7-1所示，举例为3种代表性产品——淀粉软糖、果胶软糖、明胶软糖的胶体、配方与工艺。

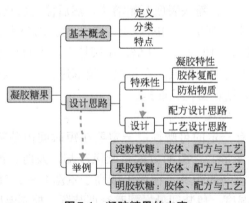

图7-1　凝胶糖果的内容

第一节　凝胶糖果的基本概念

一、凝胶糖果的定义

食品胶和凝胶糖果是两个紧密相连的概念。

1.食品胶

食品胶一般是指可溶于水，在一定条件下可以通过水合作用形成润滑、黏稠或胶冻液的大分子物质。

食品胶最重要的基本功能是使水相成胶或者增稠，因此，也称为凝胶剂或增稠剂。

2.凝胶糖果

凝胶糖果也称为凝胶软糖，它是含有一种或一种以上的凝胶剂，并依靠凝胶剂形成稳定的半坚固凝胶体。

长期以来，人们常把凝胶糖果看作是软性糖果，也称为软糖，以此区别于质构坚脆的硬糖。但是将所有的凝胶糖果看成是柔软的糖果是不确切的，其中部分品种具有软嫩的质感，也有部分品种具有黏稠而坚实的质感，从而形成一定的口感差异。因此，将凝胶糖果看作是一种坚韧的糖果更具现实意义，它缺乏硬糖的固有刚性，富有延伸性与弹性。随着加工条件的变化，也可赋予一些凝胶糖果以酥脆性或疏松性。

二、凝胶糖果的分类

任何一种凝胶糖果都是在凝胶剂存在的前提下形成的，因含有不同的凝胶剂可以形成不同类型的凝胶糖果。例如：

① 淀粉软糖　以淀粉为凝胶剂制成的一种软糖。质地软糯而略有弹性，明亮似半透明状，口味清甜不腻，咀嚼时糖软爽口。一般还可加入各种果仁，如花生仁、核桃仁、芝麻仁、枣泥等，制出各具特色的果仁淀粉软糖，富有松脆或松嫩的果仁香味，营养丰富。

② 果胶软糖　以果胶为凝胶剂制成的凝胶糖果，具有质地柔软、结构细腻、口感爽快、货架期长等优点。从加工角度来看，果胶软糖比淀粉软糖容易生产，生产周期也短。

③ 明胶软糖　以明胶作为凝胶剂制成的凝胶糖果，制品透明并富有弹性和韧性。含水量与琼脂软糖近似，多制成水果味型、奶味型或清凉味型。

④ 琼脂软糖　以琼脂为凝胶剂制作而成的凝胶糖果，又称琼脂、洋菜、冻粉或雪花等软糖。这类软糖的透明度好，具有良好的弹性、韧性和脆性。多制成水果味型、清凉味型和奶味型。

三、凝胶糖果的特点

凝胶剂的共同特点：能吸收大量水分，加热时生成溶胶，冷却时形成凝胶体，与糖类结合后，使糖类分散在凝胶体之间，成为无定形的透明凝胶糖体，这一特点形成凝胶软糖特有的质构，如甜度较低、含水量高、透明性好、柔软稳实、富有弹性、外观呈透明或半透明状、货架寿命长。也有用模具浇注成型的，采用多样化的模具，可以制成逗人喜爱的水果或动物形状，颇受儿童们欢迎。

第二节　凝胶糖果设计思路

凝胶糖果有它的特殊之处，我们就从它的特殊性出发，来谈它的设计思路。如图7-2所示。

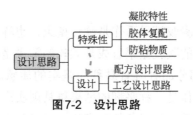

图7-2　设计思路

一、凝胶特性

对于凝胶糖果而言，胶凝现象一般可以简单描述为：亲水胶体的长链分子相互交联，从而形成能将液体缠绕固定在内的三维连续式网络，并由此获得坚固严密的结构，以抵制外界压力，阻止体系的流动。也就是说，胶体通过分子链的交互作用形成三维网络，从而使水从流体转变成能脱模的"固体"。

所有的食品胶都有黏度特性，并具有增稠的功能，但只有其中一部分的食品胶具有胶凝特性。一般来说，具有较多亲水基团的多糖容易形成凝胶，支链较多的多糖（如黄原胶）对酸、碱、盐的影响较小，不易形成凝胶，但有可能与其他胶复配形成凝胶。阴离子多糖在有电解质存在下易形成凝胶，通常通过加入电解质和螯合剂来调节凝胶的形成速度和强度。

胶体的酸热降解是影响产品质量的关键因子，酸热条件能加剧胶体的分解失效，最明显的有琼脂、卡拉胶、甘露聚糖类（如魔芋胶），果胶与结冷胶的耐酸热性稍强。表7-1列出了一些食用胶的胶凝特性。

表7-1　食品胶的胶凝特性

食品胶	溶解性	受电解质影响	受热影响	胶凝机制	胶凝特别条件	凝胶性质（对固体而言）	透明度
明胶	热溶	不影响	室温融化	热凝胶		柔软有弹性	透明
琼脂	热溶	不影响	能经受高压锅杀菌	热凝胶		坚固、脆	透明
κ-卡拉胶	热溶	不影响	室温不溶化	热凝胶	热凝胶	脆	透明
κ-卡拉胶与槐豆胶	热溶	不影响		热凝胶	热凝胶	弹性	透明
ι-卡拉胶	热溶	不影响		热凝胶	钙离子	柔软有弹性	透明

食品胶	溶解性	受电解质影响	受热影响	胶凝机制	胶凝特别条件	凝胶性质（对固体而言）	透明度
海藻酸钠	冷溶	影响	非可逆性凝胶，不溶化	化学凝胶	与Ca^{2+}反应成胶	脆	透明
高酯果胶	热溶	不影响		热凝胶	需要糖、酸	伸展性	透明
低酯果胶	冷溶	影响		化学凝胶	与Ca^{2+}反应成胶		透明
阿拉伯胶	冷溶	不影响		热凝胶		软，耐咀嚼	透明
黄原胶与槐豆胶	热溶	不影响		热凝胶	复合成胶	弹性，似橡胶	浑浊

二、胶体复配

在食品中应用时，单用一种食品胶体，往往会有这样那样的缺点，而与单体食品胶相比较，复合食品胶具有明显的优势：通过复合，可以发挥各种单一食品胶的协同增效或互补作用，从而扩大食品胶的使用范围或提高其使用功能，复配食品胶也正是在这种情况下应运而生的。

具有不同凝胶特性的食品胶体的复配，可以得到较为优良的凝胶结构，如明胶与卡拉胶的复配。这些增效效应的共同特点是：经过一定的时间后，混合胶液能形成为高强度的凝胶，即产生1+1＞2的效应。

不同胶体能形成不同的口感特性，卡拉胶、琼脂形成的凝胶脆而透明，淀粉凝胶脆而不透明，而明胶凝胶透明而富有弹性。各种凝胶剂的不同性质，有的可以掺合使用，起到互补作用，改善质构，使口感发生变化。如明胶软糖富有坚实弹性，几乎类似橡皮的质构，添加适量变性淀粉时可以改善弹性，提高柔软度；果胶软糖脆而爽口，添加适量淀粉时能增进韧度等。

许多食品胶单独存在时不能形成凝胶，但它们混合在一起复配使用时，却能形成凝胶，即食品胶之间能呈现出增稠和凝胶的协同效应，如卡拉胶和槐豆胶，黄原胶和槐豆胶，黄蓍胶和海藻酸钠等。

再例如，阿拉伯树胶不形成凝胶，因其黏度大，与其他胶体复合后也能起到改善质构的作用，而且提高其本身浓度，增加用量达到35%～45%，甚至达到50%，与糖类结合后在降低糖体的水分含量时能制成硬质的胶质软糖，俗称阿拉伯树胶糖；反之，如果把阿拉伯树胶减少到口感柔软水平，与明胶或淀粉的凝胶体相结合也能制成一种叫作帕斯提尔软糖（pastilles）的凝胶软糖。

三、防粘物质

在凝胶软糖生产过程中，为了防止产品相互黏结和提高透明度，需要添加防粘物质：从幼砂糖、细糖粉、糯米纸、糯米纸粉到防粘油，其性能各有千秋。

1. 幼砂糖、细糖粉

幼砂糖是以白砂糖回溶加工精制而成，具有纯度高、洁白、晶粒幼细、速溶等优点，是目前市场上较为高档的食用糖。按照白砂糖的国家标准GB 317，精幼砂的标准名称应该是"精制白砂糖"，是白砂糖中品质最好的一种。

添加幼砂糖防粘的工序称为拌砂或拌砂筛：将成型好的糖粒从模具中取出，如果采用粉模需要清除糖粒表面的余粉，然后拌上细砂糖，拌砂后的糖粒一般还要略加干燥，这种后期干燥的目的是除去多余水分和拌砂过程带来的水气，使糖粒不致因粘连而难于包装。

也有采用细糖粉，即用粉碎机粉碎白砂糖至一定细度，其特点是来源方便，价格便宜，尤其是等量的砂糖比起糖果本身价格而言有一定的优势，因此仍然有一定量的厂家使用。但是，甜度过高、砂糖易吸收水分是它的缺陷。

2. 糯米纸

糯米纸是一种可食薄膜，透明，无味，厚度0.02～0.025mm，是用淀粉加工制作而成。做法是由淀粉、明胶和少量卵磷脂混合，流延成膜，烘干而成。主要用于糖果等产品的内层包装，以防其与外包装纸相粘，也可防潮。由于该产品具有入口即化、没有甜度等特点，而被广泛应用于糖果工业中，在凝胶软糖中主要用于琼脂软糖、高粱饴等糖果中，但由于其本身不透明，影响了产品的档次，在市场中属于低档糖。加上包装速度受到限制，现在应用的厂家较少。

3. 糯米纸粉

将糯米纸用粉碎机进行粉碎细化至一定细度，保持了糯米纸包装糖果的优点，即几乎没有甜度，适应了广大消费者的需求。

生产过程中要控制好糯米纸粉的水分含量，保证水分含量不高于5%，与此同时，要控制好操作过程中糖果表面外加的水分量，以免水分过多而黏附大量的淀粉，从而影响透明度；而且过多的水分还会提高糯米纸粉的水分含量，导致其内部相互黏结，从而增加糯米纸粉的使用量，增加成本。糯米纸粉的使用尽管提高了产品的外观，但仍然无法克服对产品透明度的严重影响。

4. 防粘油

防粘油（抗粘剂）由稳定的植物油和天然蜡构成，具有良好的抗黏结性和良好的抗氧化性。

赵希容对凝胶糖果用防粘油的成分剖析，得出其成分主要由稳定的重构油脂和天然石蜡构成，重构油脂为辛癸酸甘油酯，脂肪酸均为饱和脂肪酸，性质稳定。

根据有关厂家使用的情况，防粘油具有以下优点。

① 赋予糖果极佳的亮度，增加糖果透明度，同时可以避免表面过早干燥，最大程度地降低表面的龟裂。

② 不会渗透至糖果内部，具有良好、持久的防粘效果。

③ 稳定性好，不哈败、不氧化。无色无味，不影响糖果的色香味。

④ 在一定的温度范围内，不会发生汁液析出。

⑤ 防粘油中可根据生产厂家需要添加香精，从而减少或避免香精损失。

⑥ 注意：防粘油可在室温下使用，但要注意防止防粘油在输料管中冷凝而堵塞管道。

防粘油的用量很大程度取决于产品的尺寸、形状及表面状况（光滑度、透气度和去粉情况等）。

用于凝胶软糖的防粘油的标准用量是0.15%～0.20%（以质量计）；棉花糖为0.30%～0.40%(以质量计)；挤出型糖条的防粘油用量较低，通常为0.05%～0.12%（以质量计）。因为防粘油的用量非常关键，所以所有计量器具必须校准。但理想的防粘油用量必须通过试验来确定，各种产品用量也不一样。

添加防粘油所采用的设备：①连续化生产线，采用油轮设备，这是给各种凝胶软糖连续上防粘油的标准设备，产品在油轮设备内的混合时间最少应为6min；②间歇式生产线，采用糖衣锅，锅中装条状挡板，以防打滑，混合时间通常在10～20min。

四、配方设计思路

凝胶糖果的配方构成如图7-3所示，其中加＊者是针对特定产品的选项。

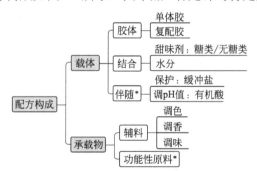

图7-3 凝胶糖果的配方构成

1.载体

配方中的关键原料是胶体，它作为凝胶剂，将甜味剂和水分结合在一起，根据需要，为了保护胶体或使胶体有利于生产的进行，添加缓冲盐或有机酸，由此形成载体。由它承载不同的色香味物料、功能性原料，就形成了不同的产品。

（1）胶体

① 单体胶 不同的胶体浓度直接影响糖果的质构特性，高浓度胶体加工的糖果硬度大，而低浓度胶体做成的糖果比较柔软。

② 复配胶 可以通过复配，改良胶体的特性和产品的质构。

（2）结合

胶体将甜味剂和水分结合在一起。

① 甜味剂　通常采用的甜味剂为白砂糖、麦芽糖浆。

设计无糖型产品，则采用功能性甜味剂。国家法规的定义是，总糖含量小于0.5%的食品称为无糖食品，无糖糖果也在这个定义范围内。从目前市场上的产品看，这类替代食糖的甜味剂主要为糖醇类原料，如山梨醇、木糖醇、麦芽糖醇、异麦芽糖醇、赤鲜糖醇等。

② 水分　食品胶属于一种线型胶粒，由于线型结构不同，胶体的性质各异。由线型胶粒结成的网状结构，成为软糖的骨架，在网状或枝状结构内部充满了水分、糖或其他物质，形成一种稳定的含水胶体，这便是凝胶糖果的糖体。

以琼脂为例，凝胶力的强弱是评定琼脂的质量指标，优质琼脂0.1%的溶液即可形成冻胶，质量稍差者0.4%的溶液才能形成冻胶，劣质琼脂其溶液浓度在0.6%以上才能形成冻胶。水晶软糖便属于琼脂软糖，含水量为18%～24%。

（3）伴随

与胶体伴随的原料主要有：起保护作用的缓冲盐、调pH值的有机酸。

① 保护（缓冲盐）　例如，制作水果型琼脂软糖，一般都添加有机酸来调节糖果的甜酸比例，但酸类对处于溶胶状态的琼胶将起分解作用；据测试，温度超过66℃，即引起琼胶的分解。同时酸类也将对溶解的蔗糖产生转化作用。解决此矛盾的方法是添加酸的同时再添加缓冲盐类。

② 调pH值（有机酸）　例如，果胶软糖一般需要添加食用级有机酸来达到所需的pH值范围。常用的酸类有柠檬酸、酒石酸、苹果酸、乳酸或磷酸等，视香味的需要而定。有机酸在加工过程中起着两方面作用：调节形成凝胶必需的pH值；使产品产生可口的酸味感觉。

2.承载物

载体就相当于搭建了一个平台，在这个平台上，就可以做很多事情。

生产过程中的调和（或者称为拌和）工序，就是在载体上加入承载物的过程。调和工序使软糖获得了风味，有了特定的内涵，它是软糖生产中保障品质、口感的关键。

承载物主要有以下两类。

① 辅料　添加辅料，进行调色、调香、调味。

② 功能性原料　凝胶糖果适宜于开发添加各种水果提取物、植物提取物的功能糖果，这主要是由凝胶糖果自身的特点决定的。

相对其他类别的糖果，凝胶糖果只要通过调整凝胶剂和甜味剂的用量，就可以比较容易地加入一些特定功能因子，所以添加量较大或含水量较高的功能因子，一般都选择添加在凝胶糖果中。

添加的功能因子以浓缩物或提取物为主，而这些浓缩物或提取物的原材料通常以食物、水果、药食同源食物、功能食品添加剂为主。这类功能糖果的研究文献报道较多，并且主要是在凝胶软糖中添加功能因子的配方研究。

五、工艺设计思路

凝胶糖果的工艺设计思路如图7-4所示，可以从两方面来思考。

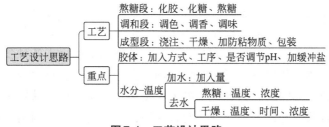

图7-4 工艺设计思路

一是完整的工艺，可以划分为熬糖段、调和段、成型段，然后再往下细分，便于理解、掌握。

二是在此基础上，抓住重点：

① 胶体，如何加入到糖体中去发挥它的作用，并让生产顺利进行；

② 水分、温度，这两者紧密联系在一起，贯穿整个生产过程，它们的变化是工艺要点。

水分，就是指水分的添加与去除。

加水量，根据胶体和熬糖方式来确定，适宜即可。加水量过少，胶体不易溶胀，影响软糖凝胶的形成；水含量过多，不利于软糖的干燥，大大延长了干燥时间。

水分的去除，在两个环节：一是熬糖，二是干燥。两者都和温度相关联。

第三节　淀粉软糖：胶体、配方与工艺

淀粉软糖是以淀粉、砂糖为主要原料熬制而成的一种软糖，是淀粉深加工产品之一。其品质明亮，呈半透明状，体质软糯而略有弹性，硬度适中，切断性好，耐高温。

一、淀粉软糖的胶体

从谷物中提取的天然淀粉中，视其所含直链淀粉、支链淀粉的比例不同，而具有不同的凝胶力。直链淀粉的分子量小，其凝胶力强；支链淀粉的分子量大，但其凝胶力差。豆类淀粉中绝大部分为直链淀粉，凝胶力良好；玉米粉中的直链淀粉占27%左右，凝胶力强，都适合软糖加工的要求。

制造软糖要求使用凝胶性强的淀粉。从糖果的凝胶形成机制出发，需要对淀粉进行变性处理，提高其凝胶力，降低其黏度，改善其水溶性和流动性，经处理后的淀粉称为变性淀粉。

淀粉变性是指改变或改善原有淀粉的各种物理功能特性，而未丧失淀粉的基本构成。淀粉变性过程是一种淀粉分子构成的肢解过程，这一肢解过程既包括淀粉中聚合物的聚合度降低，也包括淀粉中聚合物结合状态的改变，从而改善淀粉热糊黏度的流变特性和凝胶强度。经过变性的淀粉颗粒在外观上没有变化，但当变性淀粉分散于水中并加热至沸腾状态时，其质粒变得较轻并有较好的流散性。

淀粉变性的方式有酸解、氧化、酯化等，也可以将这些方式复合采用。复合变性方式的出现，弥补了单一变性方式的不足，越来越多地用于各种食品，使食品获得更好的外观、体态和口感。对于淀粉软糖，在酸解变性和氧化变性的基础上，进行酯化变性，使形成的凝胶体的透明度大大提高，赋予淀粉软糖更多的柔糯性、弹性和脆性，并有效地降低了粘牙性；而且在注模时，能够防止因温度控制不准而导致料液过快凝胶，从而防止出现"拖尾"现象。

因此，选择合适的变性淀粉对淀粉软糖非常重要，不仅可以降低产品成本，而且可以改善淀粉软糖的口感，提高热稳定性。

二、淀粉软糖的配方

配方的构成如图7-5所示，图中的比例为基本配方的配比。

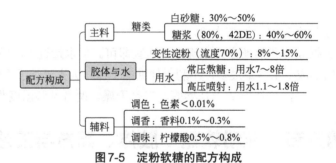

图7-5　淀粉软糖的配方构成

1.主料

在淀粉软糖的配方中，砂糖所占比例过高，则制品的质构倾向于坚脆性，缺少柔韧性。通常淀粉糖浆占有较大的份额，它的存在可以减少蔗糖的甜度和平衡蔗糖的结晶性，它在提高糖体的持水性、稳定性与香味性等方面也发挥良好的作用。淀粉软糖中一般采用DE值为42的常规淀粉糖浆，但为了得到更为柔嫩的制品，也可采用DE值为55的淀粉糖浆。

2.胶体与水

淀粉是构成软糖的骨架。淀粉的用量直接关系到骨架的强度，量多生成的骨架稳实饱满，量少形成的骨架软弱凹瘪。

淀粉加入量过大，易造成淀粉糊黏度过大，糊化不完全，结块糊锅，搅拌困难，产品透明度差，含水量高。淀粉用量太少，产品透明度好，但太软，不易成型。

常压熬糖需用大量的水，一般每千克淀粉需用 7～8kg 水，才能使淀粉得到充分糊化。

连续熬糖是在一定压力下通过连续蒸汽喷射熬糖，水的用量较少，淀粉与水的比例仅为1.1～1.8，熬糖前的用水量，几乎为熬糖后糖浆总固形物70%所需浓度的含水量。

3.辅料

① 调色 可以添加相应的色素，让产品具有鲜明的色泽。

② 调香 香料添加量在0.1%～0.3%，应选择对加热比较稳定的香料。

③ 调味 水果型淀粉软糖可采用酒石酸与苹果酸，或者数种酸味剂共用，能产生更为逼真与可口的水果风味。也可以在添加酸味剂的同时添加柠檬酸钠、酒石酸氢钾，可起到平衡与缓冲的作用。

4.配方举例

麦芽糖浆45kg，白砂糖40kg，变形淀粉11kg，柠檬酸0.7kg，柠檬酸钠0.6kg，香精0.15kg，色素8g。

三、淀粉软糖的工艺

淀粉软糖的工艺如图7-6所示，大致分为三段：熬糖段、调和段、成型段。

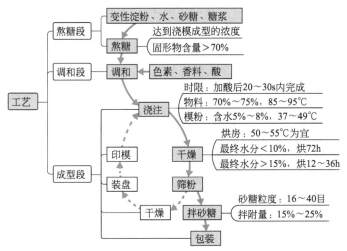

图7-6 淀粉软糖的工艺

1.熬糖段

根据配方中水的用量，预先将部分水与淀粉调成淀粉乳，其余的水与淀粉乳一起加入砂糖和淀粉糖浆中，加热溶化，不断搅拌，使淀粉糊化均匀，避免结焦、结块，从而形成均匀透明的糖淀粉糊。糊化程度对淀粉软糖的产品质量影响很大。糊化不良，会直接影响淀粉的凝胶程度，使加工成的产品不透明、韧性低，质量达不到要求。

注意控制火力，开始不可过旺，以免水分蒸发太快，影响淀粉的充分糊化及液化。用温火搅拌加热至锅内浆料从稀薄到黏稠（即糊化），又从黏稠到稀薄（即液化），浆料呈半透明状为止。

通过熬煮将水分蒸发至固形物70%以上，达到浇模成型的浓度要求，这一过程称为熬糖过程。

终点判断可用温度计测定，熬煮终点温度约为105℃；也可凭经验感觉，即用刀片蘸取少量浆料在水中蘸一下取出，能凝结成胶块，口尝有一定硬度时即可。

这是采用敞口熬糖锅，进行常压熬糖的方式，间断式，熬煮时间很长，每锅次50～60min。这是一种长期应用但并不理想的熬煮方式。

喷射熬煮系统装置是新一代的凝胶糖果熬煮设备，在一定压力下达到瞬时熬煮的效果，物料的熬煮处理连续进行。蒸汽压力保持0.06MPa左右，视流量大小，温度控制在138～142℃。它有以下优点：熬糖时间短，约1min；糊化均匀，糖浆流度一致；连续生产，产量高。

2.调和段

将糖液温度降至85～95℃，加入色素、香精等，调和搅拌均匀。

3.成型段

（1）浇注

淀粉软糖是凝胶糖果的一种，在制造时采用浇注成型的方法。它是将玉米淀粉装入粉盘中，经打印机将淀粉打出凹形模，然后将流动性较好的糖浆浇注入淀粉模中。为了适宜于浇注成型，一般糖浆的温度为85～95℃（根据物料黏度而定），含固相物要求为70%～75%，也即含水量为25%～30%（按物料组成与熬煮方式而定）。

如果含水量过小，黏度增大，浇注困难，易拖尾。如果水分含量过大，流动性增加，易冲坏粉模，过多的水分会使糖果成型变得困难，而且使以后的干燥时间加长。

模粉的含水量一般应为5%～8%，由于模粉是所浇入粉模糖浆的"吸水基"，因此其含水量必须与糖浆本身含水量有较大的落差。模粉温度为37～49℃，如果模粉的温度太低，容易出现粉粘糖现象。

浇模时间不应过长，否则会造成糖的过渡转化，一般应在加入酸后的20～30s内完成。浇模的温度不应太低，避免发生早期凝固。

（2）干燥

浇模成型的软糖，含有大量水分，对软糖的口感有很大的影响，需要经过干燥除去部分水分。在干燥初期，由于模粉水分很低，软糖水分迅速被模粉吸收，模粉水分含量大幅度升高。随着模粉水分含量的升高，软糖向外扩散的水分减少，模粉水分吸收速率渐渐下降。随着干燥时间的增加，软糖的水分含量变化趋势不断下降。

软糖内部水分转移是水分的内扩散，水分从糖的表面和淀粉的表层蒸发是外扩散，水分内外扩散必须相互适应；如果表面水分蒸发太快，内部水分来不及向外移送，造成表面过度干燥，形成皮壳，即软糖的结皮。结皮后，阻碍水分继续蒸发，使得水分分布不均，引起软糖粘牙。因此，控制水分蒸发和干燥速度，是影响变性淀粉软糖质量的关键。

初期的烘房温度控制在 50～55℃ 为宜（也可采用 55～65℃）。

对于淀粉软糖最终保持多少水分为宜，不仅是一个品质问题，也是一个效率问题。例如将淀粉软糖的最终含水量控制在10%以下，其凝结-干燥过程将长达72h，并要提供很高的能源供消耗。反之，如将软糖的含水量控制在15%以上，则停留在粉模中的时间可缩短至12～36h，同时如果有效地控制这一过程的各种干燥条件，模粉吸收水分量也可高达18%。

（3）筛粉

凝结并干燥到一定程度的糖粒可通过筛粉机将糖粒与模粉分离，通过刷粉装置将糖粒表面的粒粉吹刷干净；残附的粉尘会影响糖果的透明性与风味。

（4）拌砂糖

通过筛粉、净化后的糖果稍有吸湿就会粘在一起，因此要在糖粒表面立即进行涂油或拌上砂糖。

拌砂用的砂糖应采用干燥而均匀的细粒结晶，其粒度可为16～40目，拌附量一般为15%～25%。应在喷射蒸汽后迅速拌砂，从而使砂糖晶粒能紧密地黏附于糖粒表面，再干燥片刻，脱除添加的水分，使软糖保持干燥状态，然后进行包装。

第四节　果胶软糖：胶体、配方与工艺

目前世界上凝胶糖果的销量中，果胶软糖占有相当的比例，原因是果胶软糖具有质地柔软、结构细腻、口感爽快、货架期长等优点。从加工角度来看，果胶软糖比淀粉软糖容易生产，生产周期也短。同时，果胶在其他糖果制品中也是一种重要的质构调节剂，发挥其极佳的风味释放性能、高度的透明性及不粘牙的品质。

一、果胶软糖的胶体

果胶在糖果中发挥的首要功能作用是它的凝胶成形性（gel forming properties）。对于果胶，主要了解的内容如图7-7所示。

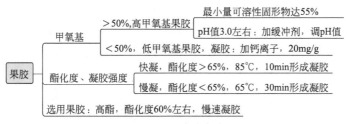

图7-7　果胶的内容

1.甲氧基、酯化度、凝胶强度

果胶（pectin）作为一种胶体化合物广泛存在于自然界的植物组织内，但并不是所有的植物性果胶都适宜于制取商品果胶。迄今为止，在多种糖果中应用得心应手的仍属于来自柑橘类果胶，部分来自苹果。果胶是一种多糖，是一种直线型的聚合物。进一步的研究发现，它不是一种均一聚合物，而是一种复杂的多糖，果胶构成的一些差异随着材料来源与离析条件的不同而不同。因此很有必要为果胶确立一种衡量品质的依据。

由于果胶最终凝胶力的大小与果胶分子所含甲氧基（CH_3O—）的多少呈对应关系，而且当果胶分子中甲氧基含量少于7%时，其凝胶作用不明显。因此，将果胶甲氧基含量7.0%作为凝胶性的极限，在此以上称为高甲氧基果胶，简称HM-果胶；含甲氧基量低于7.0%的，称为低甲氧基果胶，简称LM-果胶。

衡量果胶凝胶作用除了测定其甲氧基含量之外，还可以用酯化度（degree of esterification）来表示，简称DE值。被酯化的半乳糖醛酸对总的半乳糖醛酸的比值称为酯化度，通常以百分数表示。酯化度高低以50%作为其临界区分值（即甲氧基含量为7%），酯化度在50%以上的为高甲氧基果胶，在50%以下的为低甲氧基果胶。

实际上，工业生产中从天然原料中萃取所得的果胶，最高酯化度为75%左右，其甲氧基含量不超过13%。因此，果胶甲氧基最高含量16.3%仅是理论值。实践表明，即使有效地控制制作过程的脱酯化作用，一般果胶的DE值为20%～70%。

果胶制造者为了控制产品应有的品质，都设法使进入市场的产品标准化，即将果胶的凝胶强度控制在通用标准内，高甲氧基果胶的凝胶强度一般在50～180度，标准品应在100～150度。

不同的果胶有不同等级的凝胶强度，选择果胶作为某种糖果的凝胶剂，根据工艺许可的技术条件，要同时考虑果胶的类型与等级，而且还应测试果胶的凝胶强度及其有关特性。为了控制糖果的品质，必要时还应做小型的产品工艺试验，并校正配方的果胶用量。

2. 凝胶条件

高酯果胶和低酯果胶形成凝胶的机理各自不同。

高酯果胶（高甲氧基果胶），只要溶液中含有最小量的可溶性固体和范围相当狭窄的pH值（3.0左右）时，即可形成凝胶。

低酯果胶（低甲氧基果胶）的酯化度低于50%，一般不会凝胶，必须当溶液中具有一定数量的钙离子存在时，才能形成凝胶，而不需要加糖或酸，即它的凝胶与可溶性固体含量多少和pH值高低无关，而钙离子浓度却要求每克标准低酯果胶达到20mg左右。

这类果胶的凝胶作用在受热与机械搅拌作用下有一定的可逆性。因此给糖果制作者带来较大的操作灵活性，同时也要对影响其凝胶作用的多种因素加以平衡和控制。

3. 凝胶速度

高酯果胶的酯化度直接影响凝胶形成的相对速度，根据凝胶形成速度，酯化度在65%以上的为快凝果胶，65%以下的为慢凝果胶。

快凝果胶一般温度在85℃左右，10min就会形成凝胶，而慢凝果胶温度在65℃、

30min才能形成凝胶。

4.选择果胶

果胶软糖生产要求都采用高酯（高甲氧基）慢凝果胶。

高甲氧基果胶在糖和酸的适宜条件下，可溶性固体含量达55%以上时，在很高的温度下也能迅速凝胶，这给浇模成型带来困难，往往由于糖浆凝结，浇模操作就不能顺利进行。为了延缓凝胶时间，可添加缓冲剂和控制高pH值，在相当范围内保持酸碱稳定性，以推迟凝胶时间。

二、果胶软糖的配方

果胶软糖的基本原料与其他软糖相似，不同的是所采用的胶体各异。果胶软糖的构成与常用配比如图7-8所示。

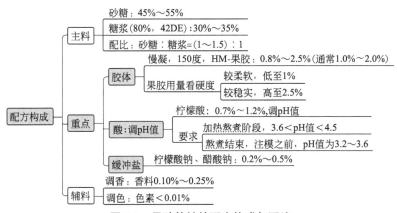

图7-8 果胶软糖的配方构成与配比

1.主料

通常采用白砂糖与麦芽糖浆。制作无糖型果胶软糖时以木糖醇、山梨糖醇和甘露糖醇浆等非糖甜味料代替传统的蔗糖与淀粉糖浆。果胶软糖所含的总还原糖最好控制在18%～22%，这是淀粉糖浆的还原糖与加工过程中转化生成的转化糖两者的总和。

果胶软糖通常都含有较高的水分，一般可达20%左右。换言之，果胶软糖的可溶性固体保持在80%左右，才能形成一种稳定的凝胶结构。

2.胶体

果胶的使用量和果胶的质量一样，同样影响糖果的质量。这里的使用量有两个概念，一个是果胶的实际投入量，一个是正确的加工手段以保证果胶的有效利用率。

果胶软糖的柔软性（硬度）和稳实度，与果胶的性质和用量有关。高甲氧基果胶有较强的凝胶作用，所以一般用于软糖制作，果胶用量为0.8%～2.5%就可有足够的稳实度，实践中得出以1.0%～2.0%为好；较柔软的用量可低至1%，较稳实的用量可高至2.5%。

在生产过程中往往会因加工不当而造成果胶用量不足，其原因是果胶溶解不充分或果胶降解。果胶是一种不易分散或不易溶解于水的物质，高甲氧基果胶尤其如此。因此，要加大果胶的溶解性，防止起团，增大与水的接触面，可以把果胶与4份以上的蔗糖预先混合搅拌均匀，随后加入热水中并不断搅拌，沸腾后果胶全部溶化，生产中就可以直接使用了。这个问题如得不到充分注意，将会对果胶软糖的质量产生极大的影响。如果果胶的量太少，产品会发烊；如果果胶降解，会引起凝胶缓慢破裂，使凝胶内的糖浆析出，果胶软糖表面发黏潮解。

3. 酸：调pH值

pH值是果胶软糖形成的关键，可溶性固形物和pH值是果胶软糖生产的两大关键因素。

果胶与其他凝胶剂最大的区别在于，果胶凝胶体必须在酸性条件下才能形成。这就要求在生产过程中pH值分为两段。

① 高甲氧基甲胶的凝胶范围是pH值为3.2～3.6，这是熬煮结束、注模之前应达到的要求，以利于浇注成型。

② 在此之前的操作过程中，要调节pH值，离开这个范围，否则会引起果胶预凝，大大影响浇模成型时的凝胶效果，甚至不能形成果胶软糖。

pH值不宜太高，太高会使果胶降解和糖焦化，含量减少，使糖体发烊；太低会使砂糖过度转化，批料预凝。如果pH值降至3以下，致使果胶分子脱钙，凝胶强度下降，而使糖体得"软骨病"。这时有必要添加适量缓冲剂。

一般pH值控制在3.6～4.5，加缓冲剂后pH值为4.0～4.5为宜。

常用的酸类有柠檬酸、酒石酸、苹果酸、乳酸或磷酸等，视味感的需要而定。1份柠檬酸或苹果酸相当于0.7～0.8份酒石酸，但酒石酸略带苦味。

采用分次添加酸的方法，即物料在加热熬煮前添加一部分，剩余的一部分则在熬煮完成物料冷却阶段中加入，以控制果胶与蔗糖的分解。

4. 缓冲盐

加缓冲剂的目的是防止pH值过高时糖焦化和果胶降解，又防止pH值过低时砂糖过度转化，争取充足的时间操作，保证产品质量。

这里使用的缓冲剂属于碱性盐类，为了不影响糖果风味及符合卫生要求，生产高甲氧基果胶软糖时，通常采用的缓冲剂是食用级柠檬酸钠或柠檬酸钾、酒石酸钾，后者趋向于形成质构更为坚韧的胶冻。

采用低酯果胶时，除柠檬酸钠外，还常添加焦磷酸钠或六偏磷酸钠，起协同作用，并可减小黏度。水中含有微量的铁，也会使产品色泽和香味降低、水的硬度增大，在生产中产生的黏度也大，在此情况中可加0.1%六偏磷酸钠来抵消。

在果胶糖果中缓冲剂的添加量一般为0.2%～0.5%。

5. 辅料

常用的辅料是香精、色素。为了使产品更具有天然水果风味，也可以在配方中添加天然浓缩果汁。

6.配方举例

① 含糖配方：白砂糖50kg，麦芽糖浆35kg，果胶1.8kg，柠檬酸0.8kg，柠檬酸钠0.4kg，食用香精0.25kg，食用色素8g。

② 无糖配方：赤鲜糖醇43kg，液体麦芽糖醇（75%）50kg，果胶2kg，柠檬酸0.7kg，柠檬酸钠0.4kg，香精0.2kg，色素10g。

三、果胶软糖的工艺

果胶软糖的工艺如图7-9所示，大致可以分为三段：熬糖段、调和段、成型段。

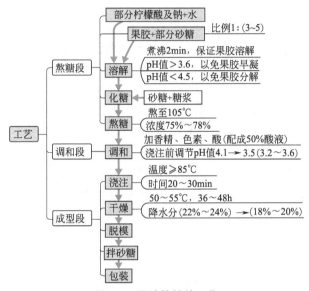

图7-9 果胶软糖的工艺

1.熬糖段

（1）溶解

① 溶解缓冲液　先将柠檬酸和柠檬酸钠加入水中，加热到40～70℃，使其溶解成缓冲溶液。

添加缓冲液的作用是，在熬糖段的加工过程中，使糖液pH值保持在4.5以下，以避免果胶分解，并保持在3.6以上，避免过早凝胶和减少砂糖的转化，最安全的方法是在溶液中使用缓冲剂，即可达到这个要求。

② 溶解果胶　为了使果胶易于分散溶解，必须先把果胶粉粒与3～5倍或更多的砂糖晶粒预先进行干料掺合，此时糖粒起到一种隔离作用，然后投入热水溶解，煮沸几分钟，保证果胶完全溶解。

大批量生产，可以根据果胶的类型预先制备成4%～8%浓度的果胶溶液，要采用有效的溶化设备，国外一般采用高剪切作用的高速混合机来进行。添加60～80℃

的热水，果胶溶液的最大浓度不宜超过10%。实践表明，果胶溶液在60℃下保持8h没有明显的变化；但达到100℃时经30min后，果胶的凝胶力减少10%左右。这表明高温下操作时间应控制在最低程度。

（2）化糖

把砂糖逐渐加入果胶溶液中，以免料液温度下降过多，然后煮沸使其溶解，再添加麦芽糖浆。

（3）熬糖

糖果的熬糖温度与糖液的可溶性固形物是相辅相成的，需要多少固形物就可以熬到多少温度。一般控制在105～110℃为宜，至可溶性总固体达到75%～78%时出料。

熬煮温度过高或受热时间过长，果胶会降解，蔗糖会过度转化。熬糖时间短，糖质好，同时对转化糖的控制也有利。批料熬煮时间，以不超过20min为宜。

2.调和

pH值和可溶性固体含量直接影响高甲氧基（HM）果胶的凝胶，当pH值降低和可溶性固体提高时，凝胶速度增快，因此在浇注前控制好这两个因素，加酸使pH值降到适宜果胶凝胶范围，即pH值为3.2～3.6，并在浓度不超过78%～80%时浇注。

酸预先溶解成50%的溶液，以溶液形式加入，否则任何结晶型的酸加到已经熬煮好的糖料中，在结晶酸的周围会产生过早凝胶现象，从而使果胶软糖呈现砂粒状。

3.成型段

（1）浇注

保持糖液温度在85℃以上进行浇注成型，如温度太低，容易发生预凝现象。

果胶的特性是pH值达到一定值时，迅速凝结成冻胶，做糖果正是利用这个特性而加工的，因此为保证软糖顺利生产，必须控制好浇模时间，虽然生产中采用添加缓冲剂的方法来争取时间，但高温和低pH值，则会以使蔗糖转化，且浇模时间过长，糖浆温度下降过低，会产生预凝，不利于浇模，影响糖果质量。所以果胶软糖必须在加酸后20～30min内完成全部浇模工作。

（2）干燥

果胶软糖浇注后，在干燥的粉模中至少需要停留数小时，才能得到足够的强度，通常在室温下放置过夜，干燥室的相对湿度在55%以下，产品水分从22%～24%下降到18%～20%。然后脱模，进行拌砂或喷涂防粘油，再进行包装。

第五节　明胶软糖：胶体、配方与工艺

明胶软糖是凝胶软糖中的一大类，它是以明胶凝胶剂作为质构基础的糖果，具有透明而强韧的凝胶特性，有类似橡胶体的质构，具有高弹性和强劲的咀嚼性能，不同于淀粉、果胶或琼脂的凝胶体结构。明胶的热不稳定性带来的入口即化的特征，也是淀粉、果胶等所不具有的。明胶软糖独特的质构特性源自于明胶自身的凝胶成型特征。

一、明胶软糖的胶体

明胶是由动物的皮、骨等结缔组织中的胶原经部分水解和热变性而取得的一种天然蛋白质，也是一种亲水性胶体，能在热水中溶化成液体，冷却时形成透明的凝胶体。明胶的功能特性在食品中应用十分广泛，如凝胶、增稠、稳定、乳化、黏合、成膜和充气等作用，而且蛋白质也是一种十分必要的营养成分，因此明胶是一种高价值的多功能性原料。

1.明胶的理化性能

（1）溶解性

明胶在冷水中不溶，但能胀润，大约能吸水5～10倍（质量）。温度升至40℃时，胀润的颗粒即开始溶化成溶液，当其冷却时又能形成凝胶体。明胶的溶解速度受温度、浓度和颗粒大小影响，温度高溶解快，浓度高颗粒大溶解慢。明胶不溶于酒精和其他大部分有机溶剂。

（2）凝胶特性

明胶在软糖中应用，主要是凝胶作用，因此明胶凝胶性能显得非常重要。在软糖生产过程中，当明胶溶液冷却到22～25℃时，则会凝胶成为固体，根据这一特性，将明胶溶液混合于糖浆中，趁热浇注在模印中，冷却后即可形成一定形状的明胶软糖。

明胶具有独特的凝溶作用，它的凝胶体具有100%的热可逆性，当温度升至30～35℃时，就开始转变为溶胶，反之温度下降至30℃以下，又会重新形成凝胶，明胶凝胶的热转变可以反复多次。含明胶的产品遇热呈溶液状态，经冷却后变成凝冻状态。由于这种迅速的转变可以多次反复进行，而产品的基本特性不发生任何改变。这就决定了明胶应用到软糖中的一大优势：回溶处理极其容易。从粉模中凝胶出来的产品，如外观有瑕疵，可将其加热回溶到60～80℃，然后重新浇注成型，产品的质量不受影响。

明胶凝胶的热可逆性使它在口腔中能完全融化，并对香味有优良的释放性，这为以明胶为基质的食品带来独特的质构和口感，是其他的凝胶剂所无法比拟的。

（3）凝胶强度

明胶的凝胶强度，也称为冻力，是按布洛姆（Bloom）强度进行分级的，布洛姆越高强度越大。所谓Bloom是以67%浓度明胶溶液放于布洛姆杯中，凝胶后在10℃下放置16～18h，再以一定形状和大小的柱基下压4mm所需的应力克数来表示布洛姆强度的，测定仪器称为布洛姆计。

明胶的凝胶强度除了与明胶本身分子结构和分子量大小有关外，主要是根据其浓度高低而定，浓度越高强度越大，同时凝胶强度受pH值影响最大，pH值为5～7时强度最高，pH值在5以下强度逐渐降低。

此外，明胶凝胶强度不仅受到pH值的影响，而且也受到温度的影响，pH值越低，温度越高，对凝胶强度影响越大，因此明胶软糖的生产要求中控制温度和pH值十分重要。

2.明胶的选择

在选择明胶时，企业应关注明胶的等电点、冻力（凝胶强度）、黏度及安全性。

（1）等电点

明胶的等电点随着原料和提取方法的不同而异，用牛皮胶原以碱法加工的明胶，其等电点约为pH值5.0；而用猪皮胶原以酸预处理取得的明胶，其等电点为pH值7.0～9.0。

当软糖的pH值处于明胶的等电点附近时，明胶分子链上离解出来的正电荷和负电荷相当，此时蛋白质稳定性就会下降，凝胶性也会变得相对较弱。为此，建议所选用的明胶等电点远离产品的pH值。因为水果味明胶软糖的pH值大多为3.0～3.6，而酸法明胶的等电点一般较高，pH值为7.0～9.0，所以酸法明胶最为适用。

（2）冻力、黏度

商品明胶强度范围为50～300Bloom，凝胶软糖所需明胶强度为175～275Bloom，通常采用200Bloom为多。因为明胶强度越大，产品越趋向坚硬，弹性越好，用量越多也越坚硬，为产品带来坚实的咀嚼感，所以柔软性的明胶软糖都不采用强度太高的明胶。

除了明胶强度以外，还要选择相对低的明胶黏度，因为黏度过高，在浇注成型时常常会出现拖尾现象。黏度依冻力不同在1.8～4.0MPa之间选择，一般同一种明胶冻力越高，黏度也相应地会高一些。

二、明胶软糖的配方

明胶软糖是以明胶为凝胶剂，加砂糖、淀粉糖浆、香味料、色素等调制而成的，配方构成如图7-10所示，我们将它划分为三类：甜味剂、胶体、辅料。

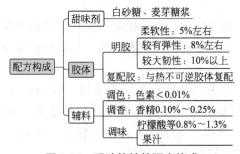

图7-10 明胶软糖的配方构成

1. 甜味剂

软糖所用的抗结晶物质，基本上都采用淀粉糖浆，而明胶软糖常常采用转化糖浆。这是因为明胶溶胶黏度很大，淀粉糖浆黏度也较大，当稍加冷却后，糖浆黏度往往影响浇模成型，所以用转化糖浆来代替部分淀粉糖浆，就能降低软糖糖浆的黏度。用山梨醇代替部分糖浆，可以降低糖浆黏度，避免成品出现拖尾现象。

由于明胶本身的黏度较大，也有阻抗砂糖结晶的能力，淀粉糖浆的用量略比砂糖用量低些，原则上明胶用量增加，淀粉糖浆用量降低，还原糖含量以30%～40%为宜。

2. 胶体

QQ糖使用骨明胶作凝胶剂，做出的软糖质地较为坚硬，弹性很强；而橡皮糖则采用皮明胶作凝胶剂，质地较为柔软，有韧性，透明度也好。

明胶使用量直接影响软糖的组织，量少组织柔软，量多弹性和咀嚼性增加，韧性也增加，但韧性太大，较难咬断，咀嚼时较费力，会感觉不舒服。一般柔软性软糖的明胶用量为5%左右，较有弹性的软糖明胶用量为8%左右，如果软糖富有较大韧性，明胶用量就要在10%以上。

若想制作高弹性、高咀嚼性的软糖，同时又避免明胶添加量大带来的韧性太大的问题，需要添加其他凝胶剂来改善软糖的品质，制成富有较好弹性、咀嚼性并且韧性适中的软糖。

由于明胶和淀粉近年来已经占据大部分软糖市场，研究人员在试图寻找更多的明胶替代品。例如卡拉胶、结冷胶、魔芋胶、果胶等凝胶剂的添加，都会降低明胶和淀粉的使用量，带来更为丰富的感官品质，提高融化温度和货架稳定性。例如，变性玉米淀粉较适合与明胶复配生产明胶软糖，明胶添加量为7.2%，变性淀粉添加量为2.8%。

3. 辅料

辅料通常为色素、香精、酸味剂等。

香精最好选用精油或油质香精，酸味剂选用柠檬酸、苹果酸、酒石酸、乳酸、富马酸等。不同酸味剂对其口感有一定的影响，通常复配使用，酸度需高一点，但甜酸要适口，这样吃后余味较长，风味较浓。一般生产质好的QQ糖需加入部分果汁。

例如，橡皮糖一般选用甜香型柠檬香精等，香味剂的浓度为2.0‰，50%的酸味剂添加量为2.5%，产品质量较好。

三、明胶软糖的工艺

明胶软糖的工艺如图7-11所示，大致分为三段：熬糖段、调和段、成型段。

1. 熬糖段、调和段

（1）明胶溶液的制备

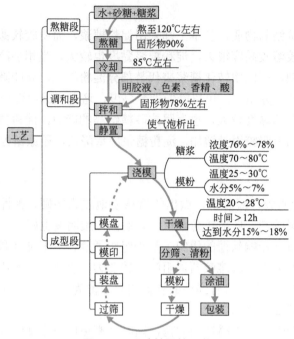

图7-11　明胶糖果的工艺

① 冷水胀润法　明胶加入2倍重量的水，使其吸水胀润。根据颗粒大小胀润一定时间，粉状的明胶胀润时间短些，一般约为30min，然后放在夹层锅中加热至60℃，缓慢搅拌，避免混入空气，直至明胶完全溶化成溶液。

② 热水溶解法　明胶溶液浓度要求较高的，如40%溶液，水的用量为明胶的1.5倍，采用热水溶解法速度较快，粉状明胶溶解更快。热水温度为90℃，在搅拌下把明胶缓慢地加入，避免混入空气，然后在60℃下静置使气泡析出。

（2）熬糖、调和

白砂糖和淀粉糖浆与水一起加热溶化后过滤，熬糖温度根据产品软硬度的不同要求来确定。例如，软性的熬煮温度为120～125℃，硬性的为130～134℃。

将糖液冷却至95℃左右，加入明胶溶液混合均匀，再添加香料、色素和酸味料，最后的固形物为76%～78%，然后进行浇注成型。

2.成型段

（1）浇模

粉模成型必须把握好对浇注条件的控制，才能使产品达到理想的质量，糖浆浓度76%～78%，注模温度70～85℃。一般，糖浆浓度越高，浇注后凝冻时间越短，有利于非粉模成型，但浓度过高黏度大，可能会出现拖尾现象。黏度又受温度的影响，温度越低黏度越大，因此浇注温度一般不低于70℃。

粉模在浇模前先在70～75℃下干燥24～36h，至水分含量为5%～7%，冷却至35℃待用。模粉的水分高，干燥后的产品表面容易粘粉，不易清除干净而影响产品透明度，所以模粉的水分不宜高于7%。

如果水分偏高会产生附粉现象，水分太低，淀粉会快速吸收糖果表面水分，使表面形成硬皮。注模用淀粉还要加入一定量的石蜡油，以增加淀粉的密集性，主要目的是便于印模成型，使印出的模型清晰光滑。

（2）干燥

可采用以下两种干燥方法。

① 烘房干燥　温度保持35～45℃，恒温，时间一般为8～12h。注意烘房温度不能过高，否则造成产品表面形成硬壳。

② 空调冷冻干燥　干燥室用空调调节温度，控制在20～25℃（夏季）或18～22℃（冬季）；相对湿度＜40%，可用吸湿机调节，干燥时间，不脱模冷却干燥12h，脱模后放置在网盘上干燥6h。

在一、四季度，成品水分控制在16%～18%，干燥时间短些，二、三季度水分要求13%～15%，干燥时间长些。

（3）分筛、清粉

用手工或筛糖机将干燥后的糖粒与淀粉分离，糖粒经清粉机清除掉表面的余粉，尽量去尽，否则严重影响产品质量，包括透亮度、存放后的结皮、粘连、口感不佳等。

由于干燥温度相对低，模粉在重新使用时都要进行预干燥和冷却，以达到成型时模粉水分和粉模温度的要求。一般是将过筛的淀粉装入铁盘，在80～90℃的烘房中烘至水分为6%，然后再重复使用。

（4）涂油、包装

糖粒经输送带送到附油转筒里，在转筒里完成涂防粘油的过程。涂防粘油可以使糖粒表面发亮，避免糖粒粘在一起，提高产品外观美观性，便于操作和包装。

防粘油的涂抹要适量，加入过多会使糖果有一种油腻的感觉，另外包装袋内有一定量空气，在储存过程中可能会造成脂肪酸氧化，在一定程度上缩短了产品的货架期。

第八章
胶基糖果：设计、配方与工艺

胶基糖果属于糖果中的一大类，是近代科学所产生的饮食文化的产物，代表现代社会的嗜好食品。它与普通糖果不同，除了可供人体消化吸收的成分外，还具有供咀嚼的一种被称为胶基的不溶于水的物质。

它是一种别具一格的耐咀嚼性糖果，与其他糖果比较有其独特之处，而且加工工艺也完全不同。首先，耐咀嚼性、不溶于水的胶质原料经过精制后，再与糖、香味料以及必要的添加剂混合而成，所以胶基糖的生产包括胶基和胶基糖制造两个部分。

大的胶基糖果制造商通常使用自己生产的胶基来生产胶基糖果，而小型的胶基糖果厂通过购买第三方生产的胶基来生产胶基糖果。

本章内容如图8-1所示，先介绍基本概念、胶基，在设计思路的基础上，讲述胶基糖果的配方与工艺。

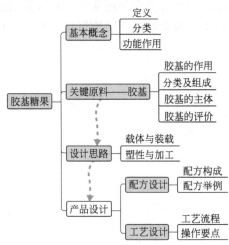

图8-1　胶基糖果的内容

第一节　胶基糖果的基本概念

一、胶基糖果的定义

胶基（gum base）又名胶姆糖基础剂，它是胶基糖果中的基础剂物质，是以橡胶、树脂、蜡等物质经配合制成的用于胶基糖果生产的物质。

胶基糖果（gum base candy）又称胶姆糖，是以食糖或糖浆、甜味剂、胶基等为主要原料，经相关工艺制成的咀嚼或吹泡型的糖果。

二、胶基糖果的分类

胶基糖主要有口香糖（chewing gum）和泡泡糖（bubble gum）两大类。

1.口香糖

口香糖是耐咀嚼的胶基糖果。它既可吃又可玩，深受儿童和青年人喜爱。同时也成为大部分年轻人扮酷、时尚的新宠。在提升口腔健康的同时，通过咀嚼口香糖可以带动面部肌肉运动，因而具有多重效果。

2.泡泡糖

泡泡糖是可以吹泡的胶基糖果。泡泡糖既好吃，又可以吹泡泡玩，深受孩子们的喜爱。

三、胶基糖果的功能作用

胶基糖是一种咀嚼性糖果，咀嚼对人体健康有多种有益作用，比如以下几点。
① 促进大脑细胞的发育，保持大脑清醒，活跃思维。
② 刺激咬肌，有助于唾液分泌，帮助消化。
③ 清洁口腔，去除口臭，预防龋齿。
④ 刺激感觉神经，避免困倦，集中精神。
⑤ 促进口腔血液循环，防止齿龈脓肿，帮助面部肌肉运动，有助面部健美。
⑥ 有助于培育情感，改善心情。

第二节　关键原料——胶基

胶基是胶基糖果最关键的基础原料，需要对它的组成和质量进行了解。

一、胶基的作用

胶基赋予胶基糖果的咀嚼性、吹泡性等，这是区别于其他糖果品种的鲜明特征。

胶基是一种无营养、不消化、不溶于水的易咀嚼性固体。在泡泡糖和口香糖生产中，用于承载甜味剂、香精以及任何其他想利用的物质。它是口香糖及泡泡糖中最基本的咀嚼物质。它的品质至关重要，只有使用优良的胶基，才能生产优质的胶基糖果。用来生产泡泡糖的胶基与生产口香糖的胶基又有所不同。

二、分类及组成

胶基原料有天然和合成两大类，如图8-2所示。

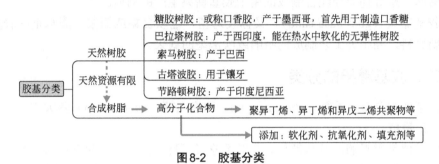

图8-2　胶基分类

因为天然树胶的资源有限，不能满足胶基糖生产发展的需要，所以逐渐以合成树脂代替天然树胶生产胶基糖，比如聚异丁烯等，这些高分子化合物都有坚韧性和弹性，在软化剂或增塑剂的作用下，可以达到与天然树胶相类似的塑性和优良的咀嚼性，能应用于胶基糖生产。

这些天然橡胶、合成橡胶、树脂、软化剂等，统称为胶基配料。其中，橡胶提供胶基弹性；酯类增强黏着度和浓度；蜡在胶基中起软化作用；脂肪扮演可塑性角色；填充物组成结构；抗氧化剂保护产品不被氧化，提高产品保质期。

三、胶基的主体

口香糖、泡泡糖的胶基的主体见图8-3、图8-4，两种胶基的差别见图8-5。

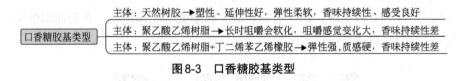

图8-3　口香糖胶基类型

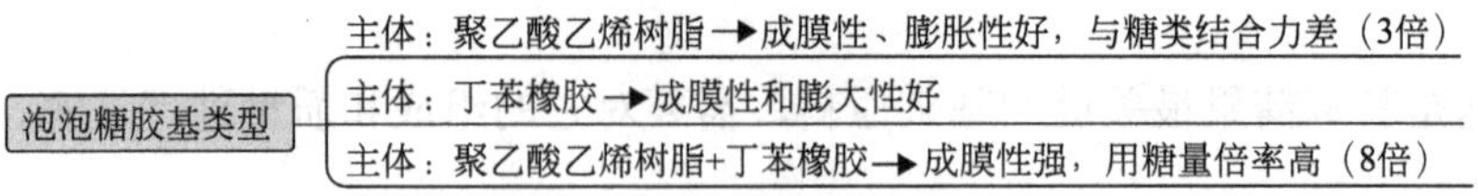

主体：聚乙酸乙烯树脂→成膜性、膨胀性好，与糖类结合力差（3倍）
泡泡糖胶基类型　主体：丁苯橡胶→成膜性和膨大性好
主体：聚乙酸乙烯树脂+丁苯橡胶→成膜性强，用糖量倍率高（8倍）

图8-4　泡泡糖胶基类型

其中，括号中的"3倍""8倍"分别指通常用糖量为胶基的3倍、8倍。

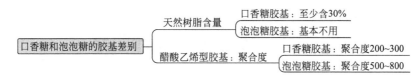

图8-5　口香糖和泡泡糖的胶基差别

四、胶基的评价

1.硬性的评价

硬性的技术要求见表8-1。

表8-1　GB 29987—2014《食品安全国家标准　食品添加剂　胶基及其配料》
中胶基的技术要求

感官要求	要求		检验方法	
	不应有异味，不应有腐败及霉变现象，不应有正常视力可见的外来杂质		取适量被测试样于无色透明的容器或白瓷盘中，置于明亮处，观察形态、色泽，并在室温下嗅其气味	
理化指标	项目		指标	检测方法
	总砷（以As计）/（mg/kg）	≤	1.5	GB/T 5009.11
	铅（Pb）/（mg/kg）	≤	1.5	GB 5009.12

2.通常的评价

与制作和感官有关的性能，应在生产使用之前作为常规进行测试，其他与法规或毒性有关的性能应定期进行，以便确定供应商是否可靠。

感官测试最为重要。取一小块胶基，放嘴里咀嚼，就可获得它的许多重要信息。这样咀嚼胶基不受其他因素的影响，加了糖和香精就会发生变化。胶姆糖受胶基影响，主要是由于它的软硬度、糖料质地、香精等因素。

如果胶姆糖尚未混合，可做一项简单的煮沸测试，以检测这种胶基是否去除氧化剂或苦味。方法：取20g胶基和100mL纯水，煮沸0.5h，待水冷却后尝一尝，注意用水湿润嘴巴四周，因舌边对苦味最为敏感。胶基应该无味或有一点点松木味，其他强烈的气味或苦味均说明生产商使用了不干净的松香。

每一批量的胶基颜色会有点不同，从颜色上不能做出任何有关质量的说明。

胶基中的含水量容易测定。通常含水量应在0.5%以下，高于此值的胶基嚼起来会感到软，制作时会发黏。软化点的环状或球状测试方法较难控制，大多数胶基具有较大的范围，难以说明结果。黏滞度测试也可在泡泡糖胶基上进行，而口香糖胶基的温度控制和设备选择是关键。

化学测试砷、重金属、铅、抗氧化剂、游离态苯乙烯等，可以确定胶基生产中所使用的所有成分是否高质量，这些方法比较复杂，可以从胶基生产商那里获得。

第三节　胶基糖果设计思路

胶基糖果的设计思路主要是抓住两项：载体与装载、塑性与加工。如图8-6所示，这是胶基糖果的配方设计与工艺设计的原点、出发点。

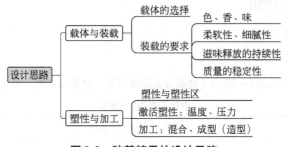

图8-6　胶基糖果的设计思路

一、载体与装载

载体起着加载、负载的功能。简单地说，胶基就是承载色香味等物质的运载工具。它并不是单纯起运载作用，而是具有载体特异性。它本身就是产品质量的重要组成部分，对它的选择很重要，可参见前面的内容。

载体的装载就是在胶基的基础上添加各种原料，赋予不同的色泽、香气、滋味，产生各种不同个性，就形成了具有不同特色的产品。主要表现有以下四个方面。

① 色、香、味　让产品活色生香，愉悦感官，唤起渴望，从而产生消费欲望。

② 柔软性、细腻性　让口腔产生良好的触觉。

③ 滋味释放的持续性　在口中咀嚼时滋味能保持较长时间；如果释放时间短暂，就让人索然无味。

④ 质量的稳定性　在整个保质期内，产品质量保持一致，不能板结、发硬或发黏。

二、塑性与加工

对于胶基糖果的生产加工来说，我们需要了解以下三个概念：

① 塑性　指在外力作用下，胶基或糖膏能发生变形的能力。

② 塑性区　因为温度、压力等条件变化，胶基或糖膏产生变形的屈服区域。

③ 塑性加工　指胶基或糖膏在外力（通常是压力）作用下，产生塑性变形，获得所需形状、尺寸和组织，从而形成产品的过程。

当温度适宜，在50～55℃时，胶基或糖膏的应力超过屈服点时，塑性被激活，也就是说有塑性变形发生，处于塑性区，施加外力就可以进行加工了。

其加工主要是混合与成型，混合就是将软化的胶基和其他原料混匀，成型就是通过外力给产品造型，从而形成产品。

第四节　胶基糖果配方设计

一、配方构成

如图8-7所示，胶基糖果的配方构成主要为主料和辅料，还可以包括涂粉、功能原料。图中数据为通常用量。主料与辅料是按用量来划分的。如果按重要性而言，不论其功能形状如何，所有含糖胶姆糖的主要成分均为胶基、糖类与香精。普通产品通常没有功能性原料，也可以没有无糖等内容。

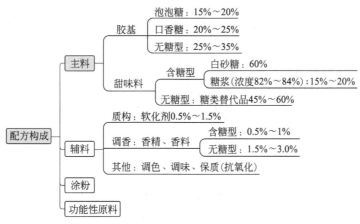

图8-7　胶基糖果的配方构成与配比

1.主料

（1）胶基

胶基是胶基糖果咀嚼性能的关键原料，胶基的成分有些复杂，每个品牌也不太一样。不同胶基的使用以及胶基与其他甜味剂的组成比例，决定了其咀嚼后的软硬程度。胶基质量的好坏、在配方中所占比例的多少，直接影响到胶基糖果的口感和质量。好的胶基应是弹性、口感、黏度都在一定要求的范围内，它能给产品带来好的品质。一般来说，胶基含量越高，甜味剂、色素添加越少的胶基糖果，咀嚼后会越来越硬。

（2）甜味料

胶基糖果的配方组成一般分为两种类型：含糖型和无糖型。

① 含糖型　含糖型又分为两种：以砂糖为主体和以葡萄糖为主体，常见的是以砂糖为主体。

这些糖类组分包括（但并不限于）蔗糖、右旋糖、麦芽糖、糊精、干的转化糖、果糖、左旋糖、半乳糖、玉米糖浆固体等等，可单独地应用或以任何结合方式应用。

葡萄糖有结晶性的粉状葡萄糖和非结晶性的液体葡萄糖。含有结晶水的粉状葡萄糖，比无结晶水的粉状葡萄糖的溶解热大，其溶解热为25.2cal/g（1cal=4.1868J），溶解时有吸热现象，能使口腔有凉爽感觉；含有水分的液体葡萄糖具有调节胶基糖水分含量多少的作用。

② 无糖型　无糖型胶基糖果通常以糖醇为主体，即以代糖甜味剂取代糖类。代糖甜味剂有糖醇（如木糖醇、山梨醇、麦芽糖醇、甘露醇）、淀粉水解物（如淀粉糖浆、果葡糖浆）和合成甜味剂（如安赛蜜、甜蜜素、糖精、阿斯巴甜、三氯蔗糖等）。糖醇类物质的甜度一般较低，在应用上通常以木糖醇与其他糖醇类物质复合，或添加多种非糖质甜味料（合成甜味剂）以弥补大多数糖醇甜度的不足。在无糖胶基糖果中，糖含量（包括单糖和双糖，即糖的总量）不得高于0.5%。

最常见的有以木糖醇、山梨醇和麦芽糖醇为主体的，并与低甜味的甘露醇组合而成。低甜味的糖醇为乳糖醇、甘露糖醇、异麦芽糖醇，甜味最高的糖醇为木糖醇，相等于蔗糖的甜度，其次为麦芽糖醇。

以木糖醇为主体的配方，主要追求其具有清凉口感，伴有适宜的甜味；以麦芽糖醇为主体的配方，是因其甜味较佳，并有低热量等好处。

2.辅料

辅料主要有以下三类。

（1）质构改良类

胶基糖果中加入软化剂是为了提高咀嚼性和口感，软化剂在现有技术中也称为增塑剂，其含量一般占口香糖总质量的0.5%～1.5%。

软化剂为丙三醇（甘油）、蔬菜油和卵磷脂等物质，它们有助于糅合胶基中的各种原料，同时使胶基保持适当的湿度，从而增强糖体的松软性和弹性，更好地黏合各种成分。

在无糖型产品的糖体中，糖醇类物质基体作用弱，而非糖质甜味料用量少，对质构影响甚微。如何改善无糖口香糖的基体成为口香糖质量提高的关键之一，通常是添加一定量的阿拉伯树胶、糊精等来增强无糖产品的黏性、塑性等。

（2）调香类

香精在胶基糖果中的作用很大，是决定其质量的重要因素，用量比其他糖果高出10倍左右，一般为0.5%～1.0%，是各种食品中用量最高的。

常选用清凉型或水果型的香料，例如薄荷味、留兰香、水果味等。常常同时使用粉末香料。粉末香料有速效性，对唾液的分散性好，没有局部性的浓度变化，呈味性佳。

胶基糖果的赋香目的在于持续其呈香时间，同时还要呈现出其风味。胶基糖的香味评价：前期（0～30s），香味释放鲜明；中期（30s～3min），有特征、浑厚，味浓；后期（3～15min），有余香感，无残留异味。

良好的胶基糖果使用的香精必须新鲜。头香具刺激感，体香在评香纸上的留香时间应尽可能长，尾香也比其他食用香精要浓郁得多，并可在评香纸上保持多日。好的这种香精可留香2～3d。

一般而言，胶基糖果中香精用量需要试验，应同时满足以下条件：确保产品有良好风味；确保产品有良好的组织结构；确保咀嚼后胶基无残留异味；确保生产过程能顺利进行。

胶基糖果的柔软度、硬度、延伸性、黏弹性，一方面取决于胶基本身的质量，另一方面，香精香料也会与胶基相互作用，相互影响。

胶基可吸收50%～60%所加香精，余下部分为蔗糖吸收。所以胶基糖果被咀嚼时，一开始是易溶于唾液中的香味成分随同糖分在口腔内产生甜香可口的滋味，当唾液将糖分溶解完后，不断被咀嚼的胶基物质还会释放出香味，留香持久。

胶基与香精相互结合，其效果有正有负。胶基吸收香精中的亲油性成分后，能改善或破坏本身的柔软度、弹塑性；香精中某些原料经胶基选择性吸收后，原有的香气轮廓可能会遭到破坏，香精也可能在溶解了胶基中某些成分后产生一些复杂的气味或异味。

困难的是，由于胶基与香精都是由各种原料以一定配比相溶、相互反应而形成的复杂的混合物，所以，两者间相互作用的起因是什么，很难判定。这个问题，迄今尚未有一定之见，也缺乏成熟的理化测试手段来加以检测，只能凭借对胶基糖果的加香试验品进行感官分析，以及根据一些基础性实验结果来总结经验，获取知识。

（3）其他类

可以根据需要，添加调色、调味、抗氧化的原料。

3.涂粉

涂粉就像糖粉一样涂撒于胶基糖果的表面，产生两个作用：①改进胶基糖果的外表和最初的味道；②防止胶基糖果粘到手指上，或者防止在打开这种产品的包装时粘在包装物上。

常规的涂粉包括蔗糖、山梨醇、淀粉、碳酸钙、滑石粉。蔗糖是一种糖，根据限定，它是不能用在无糖分的胶基糖果中的。现今，甘露醇是最常用的无糖分涂粉，但是它却不能增强产品的初始甜味。山梨醇可使喉咙有灼烧的感觉。淀粉可造成口干的感觉，并由于吸收了产品中的水分而使产品变脆。碳酸钙和滑石粉同样不能增强味道。

Frorer在1942年12月22日颁发的美国专利2305960号中公开了将甘露醇结晶作为涂粉用于口香糖和其他产品上，以便在潮湿的气候中能保持它的外表、美味以及抗黏性。用甘露醇结晶在口香糖的整个外部表面涂粉，并将涂过粉的口香糖片切割和包装，也可以将口香糖浸在甘露醇结晶中，或者在口香糖上撒甘露醇结晶来进行涂粉。

4.功能性原料

功能性原料需要根据所需要的功能来添加。例如，具有防龋齿功能的无糖口香糖，添加木糖醇或山梨醇，不会像食用蔗糖和淀粉那样被口腔中的细菌发酵而产酸，可有效阻止牙洞和牙菌斑发生，还不使血糖升高。

二、配方举例

① 口香糖：糖粉60%，葡萄糖浆19.5%，胶基19.6%，甘油0.5%，香精0.7%。

② 罗汉果口香糖：口香糖胶基35.0%，山梨醇35.0%，罗汉果甜苷2.0%，苹果酸0.3%，香味料3.0%，麦芽糊精20.7%。

③ 泡泡糖：糖粉58%～60%，葡萄糖浆21%，胶基18%～20%，甘油0.7%，香精0.5%。

④ 果味泡泡糖：白砂糖55%～70%，胶基13%～20%，淀粉糖浆10%～15%，甘油0～0.5%，磷脂0～0.5%，香料0.5%～1.0%，酸味剂0～0.5%。

⑤ 无糖型生津泡泡糖：胶基28%，山梨糖醇33%，山梨糖醇糖浆（70%）15%，木糖醇14.5%，甘露糖醇4%，甘油2%，大豆磷脂0.3%，香精1%，柠檬酸0.5%，苹果酸0.5%，抗坏血酸0.5%，甜叶菊苷0.5%，氯化钠0.2%。

第五节　胶基糖果工艺设计

一、工艺流程

工艺设计的内容包括三段：前处理、混合、成型。如图8-8所示。

二、操作要点

1.前处理

（1）胶基加热软化

启用前，在50～60℃恒温烘房或烘箱内保温软化3～4h，赋予其好的加工性能。用于口香糖方面的胶基一般较软，加热时间为2～3h，以胶基块中心温度达到50℃左右为宜。软化终点的判断，凭手感，用手指按胶基，按出凹印，一按到底。软化时间过长或温度过高，均会使产品产生苦味或涩味，且变硬。

（2）液态物质的预热

淀粉糖浆等液体甜味料，使用时都应预热至45～50℃。淀粉糖浆宜加热熬至110℃左右沸腾，除去过量水分并灭菌。

（3）固体或晶体甜味料的粉碎

将蔗糖粉碎成极细粉，过200目筛后，备用。凡加入的甜味料，均应预先将它们粉碎至45～60μm。需要注意是：除蔗糖外，葡萄糖、乳糖、麦芽糖、山梨醇、

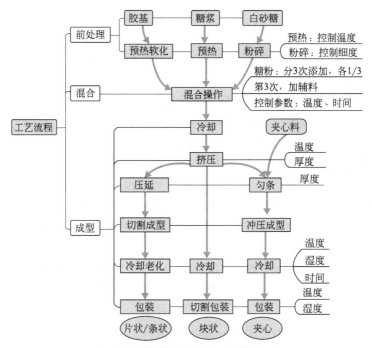

图8-8 胶基糖果工艺设计的内容

甘露醇等甜味料大多具有较强的吸湿性，粉碎后应密闭，并严格控制储藏环境的相对湿度。

2.混合

（1）设备

胶基糖果的特性是黏性大、含水量低、机械强度大，所以带有夹套蒸汽加保温和可倾式装置是必备的条件。如图8-9所示，一般采用双Z形搅拌桨，适宜高黏度物料的调制。注意：蒸汽加热温度不能过高，最好不要超过60℃，否则会促使胶基性质发生变化。

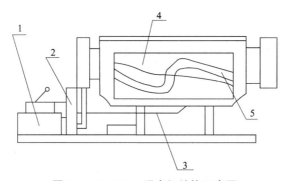

图8-9 SH-600A混合机结构示意图

1—调速器；2—传动系统；3—蒸汽管；4—搅拌室；5—Z形搅拌桨

（2）混合操作

配料的混合分三次进行。

① 将软化后的胶基加入葡萄糖浆混合后，加入1/3糖粉，混合4～5min，混合均匀。

② 再加入1/3糖粉与功能性原料的混合物，混合5～7min。

③ 加入剩余的1/3糖粉与香精等辅料，充分混匀。

混合后物料的温度宜控制在50～55℃，以51～52℃为佳，时间约为20min。搅拌机容积大，搅拌时间可延长2～3min；搅拌机容积小，搅拌时间可缩短2～3min。

若搅拌时间过长而使温度大于60℃，会引起部分糖熔融，使胶基变硬，香味逸散而减弱。但过低的温度，使胶基无法与其他原料充分混合，同样也使产品的品质下降。

当然，不同类型的产品可选用不同的混合工艺，各混合工艺的加料顺序、投料时机、每次投入量及混合时间等均有所不同，并非一成不变。

3.成型

成型方式根据产品类型，主要分为以下三种。

① 片状/条状：冷却→挤出→滚筒压延→切割成型→冷却老化→包装。

② 块状：冷却→挤出→冷却→切割包装。

③ 夹心：冷却→挤出→匀条→冲压成型→冷却→包装。

以片状/条状的成型方式为例，具体介绍如下。

（1）冷却

将混合好的物料分块，静置冷却，冷却时间为30～60min，温度降至35～40℃。

（2）挤压

将物料送入挤压机中挤压，成为一定宽度和厚度的糖坯。由于挤压机的推进压力很大，使糖坯的组织结构紧密，表面光洁。事实证明，用挤压法生产的口香糖，其香味在咀嚼过程中可比原来多保留50%的时间，挤压后的口香糖更有弹性，在挤压时其黏性很小。

（3）压延

压延的目的是把原先较厚的糖坯压延成产品所需的厚度。在连续化生产程序中，通常应设置三对以上的辊筒。一般来说，辊筒越多，压延比越小，成品的表面越光滑细腻，组织也越紧密；相反，辊筒少，压延比过大，糖片势必粗糙。

（4）切割成型

挤压成一定厚度的糖片进行切割成型时，不宜切得太深，以糖片不完全断开为准。

（5）冷却老化

口香糖老化工艺的目的是使口香糖内部组织达稳定状态，同时除去多余的水分，达到水分平衡而硬化，以保证成型工序的顺利进行。冷却时不宜过度冷却，否则容易受潮变软、变质。

老化的控制参数为：①温度，20℃±2℃；②相对湿度，45%～55%；③时间，10～12h。

（6）包装

温度为20℃左右，相对湿度低于55%。

包装的糖片要软硬适中，横、直切口垂直、光洁。

片状/条状的包装通常是条形包装，有5片装和15片装，携带起来方便。包装层数为三层（内铝箔纸、单片包、五片包），外加开封线。

第九章

压片糖果：设计、配方与工艺

Chapter 09

压片糖果是一类特殊的糖果，生产不经过加热过程，属于冷加工，能较好保持产品固有的营养成分、质构、色泽和新鲜度等优势。它选用原料的范围更为广阔，更具有想象空间，有更多值得做的事情。因此，压片糖果是所有糖果中最活跃、最充满活力的领域。

它的生产工艺相对简单，便于实验打样。和其他糖果的设计不同，它的重点之一是评价（包括粉的评价、粒的评价、片的评价），贯穿设计过程，和配方设计、工艺设计交织在一起，三位一体，形成产品。如图9-1所示。

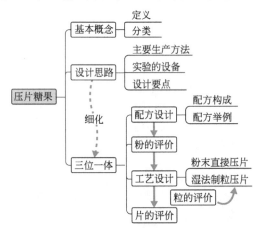

图9-1 压片糖果的内容

第一节 压片糖果的基本概念

一、压片糖果的定义

在SB/T 10347—2017《糖果 压片糖果》中对压片糖果的定义是：以食糖或糖

浆（粉剂）或甜味剂等为主要原料，经混合、造粒或不造粒、压制成型等相关工艺制成的固体糖果。

这个定义应注意两点：①主要原料可以不是糖类，而是其他甜味剂；②可以不用制粒，而用粉末直接压片，即经混合、压制成型。

二、压片糖果的分类

可以采用多维度的分类方法；不同的分类得出不同的结果，有利于思维的拓展，达到一定的广度和多样性。

① 按加工方式，可分为制粒压片和粉末直接压片，而制粒压片又分为湿法和干法。

② 按主要原料，可分为普通型（以白砂糖为主要原料，如薄荷粉糖和水果粉糖）、无糖型（以糖醇为主要原料）、其他（以其他填充剂为主要原料）。

③ 按是否包衣，可分为包衣型和非包衣型。包衣型压片糖果是在压片的基础上，以片子作为片芯外包衣膜，包衣的目的是增加产品稳定性，改善外观。

④ 按压片层数，可分为单层、多层。多层压片糖是由两层或多层组成，各层可含有不同口味及色泽，如双色片，其设备——双层片压片机的主要工作，包括第一层物料填充、定量、预压，第二层物料填充、定量、主压、出片等工序。

⑤ 按口感，可分为泡腾片、咀嚼片、普通类等。泡腾片含有泡腾崩解剂，遇水可产生气体（如二氧化碳）。咀嚼粉片与普通压片糖类似，所不同的是侧重咀嚼功能，是以咀嚼为目的，如奶片等；普通压片糖侧重口含功能，是以口含为目的，如薄荷片等。

⑥ 按功能分，做出的保健类压片糖果可分为：增强免疫力、抗氧化、辅助改善记忆、减肥、清咽、调节肠道菌群等。

第二节　压片糖果设计思路

一、主要生产方法

压片糖果的生产方法主要有两类：湿法制粒压片、粉末直接压片。

1.湿法制粒压片

制粒是将粉料添加液态黏合剂或润湿剂，做成适宜大小的颗粒，以增加流动性，使它容易均匀地填入模孔中，防止粘冲，以利于压片操作。颗粒的流动性和可压性要好过粉末的流动性和可压性，这就是制粒的目的。

制粒压片分为干法和湿法。湿法制粒压片较为普遍。

干法制粒压片工艺的出现，是针对湿热敏感的物料，但它对辅料和设备都有很高的要求，具有一定的难度和局限性。它是利用物料本身的结晶水，依靠机械挤压原理，直接对原料粉末进行压缩→成型→粗碎→造粒，能进行连续造粒，节能降耗，操作简单。由于制粒中不使用黏合剂，制成的片子容易崩解。

2.粉末直接压片

粉末直接压片是指将各种粉料与适宜的辅料分别过筛并混合后，不经过制粒而直接压制成片。粉末直接压片的工艺路线最短，对粉料的要求较高，必须满足良好的粉体学性质，工艺的关键在于混合后的物料是否具有压片所要求的流动性和可压性。

二、实验的设备

压片糖果最主要的生产工序就是压片。

实验室用的粉末压片机通常是一种小型台式电动连续冲压机，用于配方筛选和小试放大的压片生产。

它在无电的情况下可以手摇压片。机上装一副冲模，备有各种形状的模具。物料的充填深度、压片厚度均可调节。

它能将各种颗粒状、晶体状或者流动性好的粉状原料压制成圆片状、圆柱状、球状、凸面、凹面等，适合压制普通压片糖、咀嚼片、口含片、奶片、泡腾片、钙片、螺旋藻片等。

三、设计要点

要压制出优质的压片糖果，所用的粉料必须：①能顺利流动；②有一定的黏着性；③不粘冲；④遇液体迅速崩解。

实际上很少有粉料完全具备这些性能，因此，必须另加辅料或制粒，使之达到要求。也就是说，在设计过程中，配方设计、工艺设计、设计评价是紧密联系在一起的，评价贯穿于设计过程中，如图9-2所示。

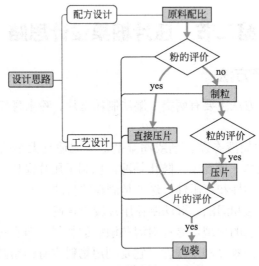

图9-2 压片糖果的设计思路

这个图中的评价（包括粉的评价、粒的评价、片的评价），不论是yes还是no，都需要实验打样的结果来判断。如果是no，需要结合评价内容进行反思，重新调整配方与工艺，再做实验。

第三节　压片糖果配方设计

配方设计和粉的评价是紧密相连的，通过粉（粉体原料）的评价，确定工艺路线：粉末直接压片还是湿法制粒。由此完善相应的配方设计。

一、配方构成

压片糖果的配方构成如图9-3所示，分为三大部分。

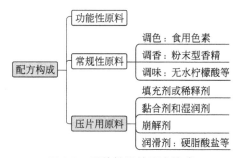

图9-3　压片糖果的配方构成

1.功能性原料

通常包括：食品营养强化剂；既是食品又是药品的物品（87个）；可用于保健食品的中药（114个），新资源食品；真菌菌种、益生菌。也可以是其他比较独特的原料。

这类原料称为功能性原料，就像产品的旗帜，昭示自己的特色。它是配方构成的中心，其他原料都围绕它的性能、特点来组织，以满足感官与压片的要求。所以，这类原料称为主料，其他原料统称为辅料。

2.常规性原料

根据需要决定是否添加。通常为调色、调香、调味的原料，以满足产品的感官要求。

① 调色　使用食用色素，可依据需要配成溶液在制软材时加入。

② 调香　使用香精，应选择粉末香精，最好选用微胶囊香精，一般用量较普通糖果大，为0.5%左右。

③ 调味　通常使用酸味料，选用无水型细结晶酸味料，如无水柠檬酸，可直接混合后压片，用量为1.5%左右。

3.压片用原料

这类原料是为满足压片要求而使用的，常用的原料见表9-1，主要分为以下四类。

表9-1 压片糖果常用的压片用原料及性能与用法

分类	常用原料		性能与用法
填充剂或稀释剂	淀粉类	淀粉	比较常用的是玉米淀粉，性质非常稳定，价廉易得，吸湿性小，外观色泽好
		可压性淀粉	又称预胶化淀粉，有良好的可压性、流动性和自身润滑性，制成片的硬度、崩解性都较好，尤适于粉末直接压片
		糊精	常与淀粉配合使用。糊精黏性较大，用量较多时宜选用乙醇为润湿剂，以免颗粒过硬
	糖类	糖粉	兼有矫味和黏合作用，可用来增加产品的硬度。一般不单独使用，常与淀粉、糊精配合使用。具引湿性，用量过多会使制粒、压片困难，久储使片子硬度增加
		乳糖	易溶于水，无引湿性；具良好的流动性、可压性；性质稳定，制成的片子光洁、美观，硬度适宜
		糖醇	甘露醇，为白色结晶性粉末，流动性好，清凉味甜，易溶于水，无引湿性，是主要稀释剂、矫味剂、助流剂，价格稍贵，常与蔗糖配合使用。山梨醇可压性好，也可作为填充剂和黏合剂
	纤维素类	微晶纤维素	具有良好的可压性，有较强的结合力，制成的产品有较大的硬度，可作为粉末直接压片的干黏合剂使用。可作黏合剂、崩解剂、助流剂和稀释剂。具吸湿性，不适用于包衣片及某些对水敏感的原料
	无机盐类		如硫酸钙、磷酸氢钙及药用碳酸钙（由沉降法制得，又称为沉降碳酸钙）等。其中硫酸钙较为常用，其性质稳定，无嗅无味，微溶于水，制成的产品外观光洁，硬度、崩解均好
黏合剂和湿润剂	水		当物料中含有遇水能产生黏性的成分时，用纯化水润湿，即可诱发其黏性而制成适宜的软材
	乙醇		原料具有黏性或不宜用水等，采用乙醇为润湿剂。乙醇浓度大，润湿后黏性小，反之黏性大
	淀粉浆		为常用的黏合剂。使用浓度一般为8%～15%，以10%最为常用。
	羧甲基纤维素钠		用作黏合剂的浓度一般为1%～2%，其黏性较强，常用于可压性较差的功能性原料，但应注意是否造成产品硬度过大或崩解超限
	羟丙基甲基纤维素		这是一种最为常用的薄膜衣材料，其溶于冷水成为黏性溶液，常用其2%～5%的溶液作为黏合剂使用
	其他黏合剂		5%～20%的明胶溶液，50%～70%的蔗糖溶液，可用于那些可压性很差的功能性原料，但应注意这些黏合剂黏性很大，制成的产品较硬，稍稍过量就会造成产品的崩解超限
崩解剂	干淀粉		多用玉米淀粉。干淀粉有良好的崩解作用，价格便宜，其缺点是可压性不好，加入量多时，会影响产品的硬度，并能影响颗粒的流动性
	羧甲基淀粉钠		吸水后，容积大幅度增大，为优良的崩解剂，流动性好，可用于直接压片，用量少且不影响可压性。用量为4%～8%
	泡腾崩解剂		最常用的是由碳酸氢钠和柠檬酸或酒石酸、枸橼酸组成的，遇水产生CO_2，使产品迅速崩解
润滑剂	润滑剂		通常使用硬脂酸镁。硬脂酸、硬脂酸锌和硬脂酸钙也可用作润滑剂，其中硬脂酸锌多用于粉末直接压片。用量<1%
	抗黏剂		玉米淀粉，用量1%～5%；DL-亮氨酸，用量3%左右

（1）填充剂或稀释剂

填充剂或稀释剂的主要作用是用来填充产品的重量或体积，从而便于压片。常用的填充剂有淀粉类、糖类、纤维素类和无机盐类等。

（2）湿润剂和黏合剂

某些粉末状的功能性原料本身具有黏性，只需加入适当的液体就可将其本身固有的黏性诱发出来，这时所加入的液体就称为湿润剂；某些粉末本身不具有黏性或黏性较小，需要加入淀粉浆等黏性物质，才能使其黏合起来，这时所加入的黏性物质就称为黏合剂。因为它们所起的主要作用是使粉末状的功能性原料结合起来，所以将湿润剂和黏合剂统称为结合剂。

（3）崩解剂

为了使产品在胃肠液中迅速裂碎成细小颗粒的物质，一般在配方中都应加入崩解剂。由于它们具有很强的吸水膨胀性，能够瓦解产品的结合力，使产品从一个整体的片状物裂碎成许多细小的颗粒，实现产品的崩解，从而有利于产品中功能性原料的溶解和吸收。

（4）润滑剂

润滑剂是一个广义的概念，是助流剂、抗黏剂和（狭义）润滑剂的总称。

① 助流剂　是降低颗粒之间摩擦力从而改善粉末流动性的物质。

② 抗黏剂：是防止原辅料黏着于冲头表面的物质。

③（狭义）润滑剂　是降低片子与冲模孔壁之间摩擦力的物质，这是真正意义上的润滑剂。

因此，一种理想的润滑剂应该兼具上述助流、抗黏和润滑三种作用，但在目前现有的润滑剂中，还没有这种理想的润滑剂，它们往往在某一个或某两个方面有较好的性能，但其他作用就相对较差。按照习惯的分类方法，一般将具有上述任何一种作用的辅料都统称为润滑剂。

常用于直接压片的辅料有微晶纤维素、可压性淀粉、喷雾干燥乳糖、羧甲基淀粉钠、硬脂酸镁等。可加强流动性的辅料包括甘露醇、微晶纤维素、羟丙基甲基纤维素等。

设计的配方是否可行，结合粉的评价，实验打样看结果，再进行针对性的调整。否则转向湿法制粒压片。

二、配方举例

1.粉末直接压片

下面列举一组专利配方。

（1）低糖型薄荷压片糖果

配方：①山梨糖醇97%、覆盆子粉1.6%、硬脂酸镁0.6%、清凉剂0.2%、亚洲薄荷素油0.4%、天然薄荷脑0.2%；或②山梨糖醇97.5%、覆盆子粉1.3%、硬脂酸镁

0.55%、清凉剂0.15份%、亚洲薄荷素油0.35%、天然薄荷脑0.15%。其中，天然薄荷脑、亚洲薄荷素油需要搅拌溶解于食用酒精中，再分批次喷入搅拌中的混合料中。

产品采用药食两用天然原料和糖醇等制成，能缓解口腔溃疡、清咽润喉以及消除疲劳，且食用后具有口气清新、放松心情及促进口腔健康的作用。

（2）添加青钱柳的L-阿拉伯糖保健压片糖

配方：L-阿拉伯糖24kg、脱脂奶粉20kg、青钱柳粉1.5kg、天然虾青素粉0.4kg、可溶性膳食纤维粉末9kg、木糖醇4kg、硬脂酸镁0.3kg、羧甲基纤维素钠0.4kg。

配料均来源于天然绿色产物，保健功能成分配伍合理，功效协同显著，营养均衡，口感清新优雅，适用于糖尿病人群、减肥人群、"三高"患者人群的营养辅助治疗。

（3）有提高精力作用的压片糖果

配方：咖啡粉5.47%、脱脂奶粉30%、牛磺酸0.5%、膳食纤维20%、果糖30%、甘露醇3%、酪氨酸4%、亮氨酸2%、缬氨酸0.5%、赖氨酸0.5%、烟酸0.5%、维生素B_5 0.5%、维生素B_6 0.5%、肌醇为0.5%、维生素B_{12} 0.03%、硬脂酸镁2%。

这种配方组合可达到"三级供能"的效果：咖啡粉中所含的咖啡碱，可刺激肝脏释放肝糖原，以迅速增加体内能量；果糖属于人体可以快速利用的单糖，有助于机体肝糖原和肌糖原的再合成，可快速供能；直链氨基酸类可辅助肌肉合成，并可提供更多能量；脱脂奶粉含有大量蛋白质，可以通过分解获取氨基酸，从而达到进一步缓释供能的效果。

2.湿法制粒压片

（1）保健型话梅润喉片

吴青等研究了用湿颗粒法生产保健型话梅润喉片的配方和一些影响产品质量的工艺参数。当以50%乙醇作润湿剂，以25%话梅粉、30%蔗糖、20.5%葡萄糖、20.5%低聚异麦芽糖（IM0900）和4%柠檬酸为原料，再添加上述混合料总量的0.5%话梅香精、0.1%薄荷脑和0.5%硬脂酸镁，可制得口感好、有浓郁话梅风味、表面光滑美观、硬度好、润喉和具保健功能的保健型话梅润喉片。

（2）川明参咀嚼片

雨田等选用川明参水提物制成浸膏，作为咀嚼片的主要组成部分，在填充剂的选择上，以具有特定含量的柠檬酸和微晶纤维素作为填充剂组分，使川明参多糖咀嚼片在川明参香味的基础上更具有微酸口感，酸甜适宜，且入口顺滑细腻，咀嚼性强。

筛选出的最佳配方为：山梨醇25%，乳糖5%，柠檬酸0.5%，糊精10%，微晶纤维素28.5%，硬脂酸镁1.0%，川明参浸膏30%。

川明参浸膏粉的制备：称取适量川明参，加8倍水量，2次水提，每次90min滤液浓缩，将浓缩液置于电热恒温鼓风干燥烘箱内，在60℃下干燥24h，制得干浸膏。将干浸膏粉碎，过100目筛，得浸膏粉。

（3）葛根咀嚼片

周剑忠等以葛根全粉为主要成分，辅以麦芽糖醇、山梨糖醇和低聚异麦芽糖等低能量、抗龋齿、能改善肠胃功能的功能性甜味剂，制成具有多种保健功效的咀嚼片，使葛根中的有效成分得到充分利用。

咀嚼片的最优配方为：葛根全粉46.44%，麦芽糖醇25.28%，低聚异麦芽糖19.02%，山梨糖醇8.57%，柠檬酸0.27%，微晶纤维素0.42%。

（4）元麦咀嚼片

元麦即裸大麦，又名青稞，具有较好的营养品质和保健功能，尤其含有大量的β-葡聚糖，而β-葡聚糖具有降低胆固醇和降低血糖的功能。

宋居易等研究以元麦为原料，选择优质麦芽糊精、木糖醇、甘露醇等功能性辅料，优选出了品质较好的元麦咀嚼片配方：元麦粉52.10%、麦芽糊精15.00%、木糖醇19.50%、乳酸钙9.00%、甘露醇3.30%、维生素C 0.10%。

第四节　粉的评价

对于粉末直接压片工艺来说，辅料的选择是至关重要的，必须满足良好的粉体学性质：流动性、可压性、润滑敏感性、含量均一性、稀释潜能等。否则就需要通过制粒压片。

流动性是粉末直接压片工艺的关键因素之一，它不仅影响物料的填充和片重差异，而且对小量原料的均匀度起重要作用。反映流动性大小的物理参数主要有休止角、抹角、压缩度、均一度以及凝聚度等。见表9-2。这些参数只是从某一个侧面反映了微粒的流动性能，只有将上述参数综合考虑，才能对粉末的流动性有一个全面客观的评价。

表9-2　评价粉体流动性的指标及其测量方法与影响

指标	测定方法	影响
休止角	采用固定圆锥底法，即取一定量的待测粉末，在一定振动频率（约100Hz）下使粉末通过漏斗均匀流出，直到获得最高的圆锥体为止，测量圆锥体斜面与平面的夹角即得；重复三次，取其平均值	休止角反映粉粒间动态的摩擦系数大小，休止角越大，摩擦系数越大，粉粒的流动性越差[①]
抹角	振动法，将待测粉末置于测定仪抹板上，测其粉末斜面与抹板的角度，再给一定强度振动后重新测量，取两个角度的平均值即为抹角；重复三次，取平均值	抹角反映粉粒间静态的摩擦系数大小，抹角越大，摩擦系数越大，粉粒的流动性越差
松密度	给予一定强度的振动（如100Hz），使粉末均匀流入一个100mL杯子中，用刮片刮掉杯子上面多余的粉末，称重，质量除以100，即得松密度（g/mL）	松密度、轻敲密度、压缩度反映粉粒的可压性和填充性能；压缩度越小，其填充性越强，即粉粒越易流动
轻敲密度	在粉末均匀流入100mL杯子的同时，对杯子给予一定强度的撞击（180次/3min），用刮片刮掉杯子上面多余的粉末，称重，质量除以100即得轻敲密度（g/mL）。	
压缩度	压缩度＝（1-松密度/轻敲密度）×100%	

指标	测定方法	影响
凝聚度	将待测样品通过100目筛，取筛下部分约2g，用系列标准筛（60目、65目、100目）在一定的时间（120s）和一定的频率（100Hz）下振动，利用筛上的样品残留量通过下列公式计算而得： 凝聚度＝$(W_{60目}+3/5W_{65目}+1/5W_{100目})/W_{样}×100\%$	凝聚度反映粉粒间的静电引力，带有这种凝聚现象的粉末，不能用于粉末直接压片，因为粉粒间的静电引力往往使物料形成"架桥"现象，造成进料障碍
粒子形态	指一个粒子的轮廓或表面各点构成的图像。粒子有多种形态，例如球形、立方形、片状、柱状、鳞状、粒状、棒状、针状、海绵状等	球形，流动性优；立方形，流动性良～优；不规则形状，流动性一般～差；片或针状，流动性差
粒度分布	采用双筛分法。取待测定粉料，称定质量，置不同规格的药筛中，保持水平状态过筛，左右往返，边筛动边拍打3min（或在100Hz的频率下振动10min）。取不能通过小号筛和能通过大号筛的颗粒及粉末，称定质量，计算其所占比例	粒度分布和均一度反映粉粒的均匀程度，均一度一般≥1，越接近于1越好。均匀性好的粉粒，压片时片重差异小。
均一度	根据粒度分布测定结果，计算累积筛下量，在粒度分布图上得到筛下10%及60%所对应的粉径D_{10}和D_{60}。均一度=D_{60}/D_{10}	粒径越小（＜74μm，通过200目筛），比表面积越大，流动性减小，吸湿性增大，从而影响混合、制粒、压片等工序

① 测量休止角是间接测量粉体摩擦力的方法，以休止角度数划分粉体流动性的等级：25°～30°，流动性优；31°～35°，流动性良；36°～40°，流动性好；41°～45°，流动性合格；46°～90°，流动性差。休止角越小，表示粉体的流动性越好，颗粒间摩擦力越小。根据经验或文献，一般休止角应保持在40°以下，以保证生产所需的流动性。

第五节　压片糖果工艺设计

代表性的工艺主要为两种：粉末直接压片、湿法制粒压片。在其中兼谈粒的评价。

一、粉末直接压片

粉末直接压片法的生产工艺简单，将配制好的粉末原料混合均匀，即可进行压片。小试后须进行充分的试验放大。一般情况下，用粉末直接压片工艺压制的不合格品不宜返工。因为返工须将不合格品重新粉碎，粉碎后物料的可压性会显著降低，以致不适于进行直接压片。所以，从小试至大生产，必须进行中试，并经过充分的验证，且中试应采用与以后大生产相同类型的设备，以使确定的参数对大生产有指导作用。

注意事项如下。

1.辅料的选择

功能性原料与辅料的性质要相近。进行粉末直接压片时，功能性原料与辅料的堆密度、粒度及粒度分布等物理性质要相近，以利于混合均匀，尤其是规格较小、需测定含量均匀度的功能性原料，必须慎重选择各种辅料。

2.不溶性润滑剂的加入

用于粉末直接压片的不溶性润滑剂一定要最后加入，即先将原料与其他辅料混合均匀后，再加入不溶性润滑剂，并且要控制好混合时间，否则会严重影响崩解或溶出。

以预胶化淀粉、微晶纤维素等为辅料时，硬脂酸镁的用量如果较多且混合时间较长，片子有软化现象，所以一般用量应在0.75%以下，而且要对混合时间、转速及强度进行验证。

3.均匀性

与常规湿法制粒的生产工艺一样，进行粉末直接压片的各原辅料混合后要进行含量测定，以确保中间产品和成品的质量符合规定标准。

4.及时处理压片中的异常情况

在压片过程中，应按标准操作程序及时取样，观察成品的外观及测定片重差异、硬度、脆碎度、崩解时间、片厚等质量指标，并观察设备运行情况，出现异常情况应及时报告并采取应急措施，详细记录异常现象和处理结果，进行详细的分析，以确保产品质量。

二、湿法制粒压片

将白砂糖等主要原料粉碎，并制成软材，过筛制成湿颗粒，干燥后再经整粒，使其具有良好流动性和可压性（评价），再经混合，然后压片。

1.湿法制粒

（1）粉碎

预先将白砂糖原料粉碎至100目以上，最好达200目。细度愈大，成品光洁度愈好。

设备为粉碎机。粉碎机的粉碎作用有剪切、撞击、研磨、挤压、劈裂等，主要有撞击式高速粉碎机和圆筛风力高速粉碎机两类。

（2）制软材

加入适宜的润湿剂或黏合剂（用量需由试验求得），用混合机调和均匀而制成软材，这叫湿配。湿配时间短，混不均匀；时间过长，又会增加引湿性，制出的颗粒太板结。通常需混合10min以上，软材的干湿度应适宜，判断标准为"手握成团、轻压即散"，即以用手紧握能成团而不粘手，用手指轻压能裂开，这种软材才能制出好颗粒。小量生产时，也可用手工搓混制备软材，但要做到使各种成分搓混得均匀、适度。

（3）制粒与干燥

制粒与干燥是紧密相连的两个工序，方法见表9-3。

表 9-3　制粒与干燥的方法

分类	方法	内容
制粒	摇摆式制粒	通过机械传动使滚筒往复摆动，将物料从筛网中挤出，制成颗粒
	挤出制粒法	将软材经挤压通过筛网制粒
	湿法混合制粒法	将主料与辅料共置快速搅拌制粒机的密封容器内，将混合、制软材、分粒与滚圆一次完成
制粒+干燥	喷雾转动制粒法	将主料和辅料的混合物置于包衣锅或适宜的容器中转动，将润湿剂或黏合剂呈雾状喷入，使粉末黏结成小颗粒，同时加热使水分蒸发，滚转至颗粒干燥。此法适于中药半浸膏粉、浸膏粉或黏性较强的药物细粉制颗粒
	流化喷雾制粒法	又称"沸腾制粒"或"一步制粒法"，应用要求，细粉量所占比例要大（一般为40%～60%）。将制粒粉料置于流化喷雾制粒设备的流化室内，利用气流（温度可调）使其悬浮呈流化态，再喷入润湿剂或黏合剂液体，使粉末凝结成粒。成品颗粒较松，粒度40～80目
干燥	箱式干燥器干燥	即烘箱干燥，其结构简单。在干燥过程中应经常翻动盘内颗粒，这样既能减少颗粒之间可溶性成分含量的差异，又可加快干燥。用烘箱干燥，通常需24h

制粒是使粉料相互结合的过程。将软材通过适宜的筛网，即能得到需要的颗粒（挤出制粒）。制粒选用筛网规格应按功能性原料的黏性强弱及成品规格大小而定，黏性大或糖片大的用较大筛孔，黏性小或糖片小的用较小筛孔。即以片重而定，即0.3g以上用12～14目筛网；0.1～0.3g用14～16目筛网；0.1g以下用16～18目筛网。

通过筛网挤出的湿粒呈均匀的颗粒为佳，要求较完整，无长条状、无块状、无粉末。如果颗粒中含细粉过多，说明黏合剂用量太少；如软材黏附在筛网中很多，或挤出呈线条状，说明黏合剂用量太多，以此颗粒压出的糖片会出现太松或太硬的现象。

过筛制得的湿颗粒随即干燥，以免结块或受压变形。干燥速度、温度与质量有很大的关系，颗粒堆积越厚，越难于干燥；黏合剂太多或湿混时间太长都难于干燥。干燥温度由原料性质而定，一般为50～60℃（不宜超过60～80℃），对于热稳定性者，干燥温度可适当增高。

（4）整粒、混合

在干燥过程中，部分颗粒互相黏结成块。整粒就是用筛子把大小不均的团粒整理成整齐一致的颗粒。颗粒干燥后，加入崩解剂、润滑剂、助流剂及其他辅料后混合过筛；未能通过筛网的块或粗粒，可加以研碎，使成适宜的颗粒并过筛。

润滑剂多采用硬脂酸镁，其熔点低，因此干燥的热颗粒中不宜加入，应稍置待冷，否则不利于崩解，也影响润滑作用。

某些配方中有挥发油（如薄荷油），最好加入润滑剂与颗粒混合后筛出的部分细粉混匀，再与全部干粒混合，以避免混合不均产生花斑。也可用80目筛从干粒中筛出细粉适量，用以吸收挥发油，再加入干燥颗粒中混匀。若需加入的挥发性原料为固体（如薄荷脑），可先用乙醇溶解或与其他成分混合研磨使其共溶后，再喷射在颗粒上混匀。

制软材时多用槽式混合机，而压片前加入润滑剂时经常采用混合筒，例如V形混合筒，即将颗粒与辅料共置混合筒中转动混合适宜时间，加入崩解剂至少混合10min。

2.粒的评价

对粉体制成的颗粒经过干燥后的干燥颗粒进行评价，见表9-4。如果添加了功能性原料，应对含量均匀度进行评价。

表9-4　制粒的评价表

指标	影响
含水量	颗粒干燥的程度一般凭经验掌握，颗粒水分应为3%～6%。一般含水过多易粘冲，久储易变质；含水过少则压片时易裂片或影响崩解度。通常以一定的温度、干燥时间及干燥颗粒的得量来控制水分；也可用水分快速测定仪来测定颗粒的含水量；或利用红外线灯加热使颗粒中的水分蒸发，经精密称重而得干粒水分含量
松紧度	干粒的松紧度与压片时片重差异和片子的物理外观均有关，其黏紧度以手指用力一捻能粉碎成细粒者为宜。硬粒在压片时易产生麻面，松粒则易粉碎成细粉，压片时易产生顶裂现象。从成品的大小来说，片大的可稍硬些，片小的应稍松一些，有色片应松软些，否则易产生花斑
粗细度	干颗粒应由各种粗细不同者相组成，采用筛分法。若粗粒过多，压成片的重量差异大，成品的厚薄不均，表面粗糙，色泽不匀，硬度也不合要求。若细粒过多或细粉过多，则易产生裂片、松片，边角毛缺及粘冲等现象

3.压片

压片的环境湿度应控制在60%以下。

压片机是重要的设备，目前机型可大体分为单冲式、旋转式、亚高速旋转式、全自动高速压片机以及旋转式包芯压片机，可压制圆形片、刻字片、异型片、双层片、多层片、环型片、包芯片等片型。目前，国内高速旋转压片机最高产量达70万片/h，而国外压片机最高产量超过100万片/h。

第六节　压片糖果片的评价

对于片（成品）的评价，从单纯生产的角度来说，主要是物理评价。这是对生产可行性的评价。见表9-5。对成品的质量评价，见表9-6。

表9-5　片（成品）的物理评价表

指标	内容	影响因素分析
外观性状	应完整光洁、色泽均匀、无杂斑、无异物	
片重差异	用称量方法测得每片的重量与平均片重之间的差异	造成片重差异的原因主要有压片机的结构、冲模质量、粉末的性能等[①]
崩解时限	取供试品6片置于吊篮，浸入盛有37℃±1℃水的1000mL烧杯，调节吊篮位置，各片均应在15min内全部崩解	影响产品崩解的因素主要有原辅料的性质、压片压力、崩解剂的品种、用量、疏水性润滑剂的量等

指标	内容	影响因素分析
溶出度	指在规定溶剂中，功能性成分从产品中溶出的速度和程度	主要影响因素是功能性原料的粒度、溶解度
硬度	一般是指表面硬度，常用"压痕"等法测定其表面硬度，如硬度计。沿成品正面测定为正压力，沿侧面（直径方向）测定为侧压力。通常正压力应大于200N，侧压力应大于150N	影响成品硬度的因素有原辅料的可压性，压片时压力大小和加压时间，粒子大小及其分布，物料含水量及润滑剂等。
脆碎度	将成品置于一旋转鼓中，使其相互碰撞一定时间，以磨损或碎裂损失的量作为破碎度，并以%表示	成品应有足够的硬度，以免在包装运输等过程中破碎或被磨损等

① 粉末的性能对片重差异的影响，主要指其流动性和堆密度。如物料能快速而均匀地流入模孔，片重差异就小。所以压片过程中每个片子的饲粉时间很短，因此物料必须有良好的流动性；堆密度与粒子大小及形态有关，粒子小，其堆密度大，如果粒子的分布较宽，则小粒子易沉于下层，造成片重差异大；混合不均匀也是造成片重差异大的重要原因。

表9-6　SB/T 10347—2017中压片糖果的技术要求

分类	项目		要求
感官要求	色泽		符合品种应有的色泽
	形态		块形完整，大小基本一致，无裂缝，无明显变形
	组织	坚实型	坚实，不松散，剖面紧密，不粘连
		夹心型	夹心紧密吻合，不脱层
		包衣、包衣抛光型	包衣较完整
		其他型	符合品种应有的组织
	滋味气味		符合品种应有的滋味及气味，无异味
	杂质		无正常视力可见杂质
理化指标	干燥失重/（g/100g）≤	坚实型	5.0
		夹心型	10.0
		包衣、包衣抛光型	5.0
		其他型	5.0

注：无糖压片糖果干燥失重应符合相应压片糖果类型的要求，其糖含量声称就符合GB 28050规定的要求。

第十章
从可可豆到可可制品

Chapter 10

可可豆是可可树的种子，采摘后经过发酵、去壳、烘焙、研磨、压榨等工序形成可可粉、可可脂、可可液块、可可饼块等产品，是制作巧克力、巧克力粉、糖果、糕点等的主要原料。

由此，将可可豆的加工分为以下两大环节。

① 初加工环节　以生产初加工标准产品为主，包括可可液块、可可脂、可可粉等，这是本章的内容，见图 10-1。

② 深加工环节　产品包括工业巧克力等品种，这是后面各章的内容。

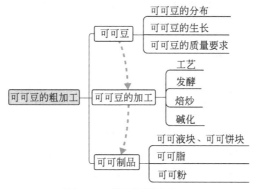

图 10-1　可可豆的初加工

第一节　可可豆

一、可可豆的分布

可可（*Theobroma cacao* L.）是梧桐科热带常绿植物，它是世界上重要的经济作物之一，其种子可可豆是生产巧克力的主要原料，全球年产量约 400 万吨。当以原始植物材料作为科研领域研究对象时，通常称为"cacao"，而作为栽培植物或是生产原料时，通常称为"cocoa"或"chocolate"。

可可原产于南美洲亚马逊河上游的热带雨林，早在3000多年前就被玛雅人驯化栽培。目前，可可在非洲、东南亚和拉丁美洲等热带地区广泛种植，主要生产国有加纳、巴西、尼日利亚、厄瓜多尔、洪都拉斯、菲律宾和马来西亚等。

一直以来，可可被划分为三大种群，即criollo、forastero和trinitario。其中，criollo种群原产于中美洲和加勒比地区，是众所周知的"细味（fine flavor）"可可豆，是风味最好的巧克力生产原料；它因其抗病性差，仅占世界产量的1% ～ 2%。forastero种群则包括多态性较高的野生可可以及最初在南美洲驯化的栽培种，目前主要在非洲西部的加纳和南美洲的巴西广泛栽培，该种群约占世界可可豆总产量的90%。而trinitario种群被认为是由criollo和forastero两个种群杂交而来，是在18世纪由于大规模"扫帚病"肆虐而保留下来的具有抗病性状的杂交后代。

据史料记载，中美洲是世界上最早栽培可可的地区，栽培历史超过2000年。截至2011年，世界可可收获面积达$9.9 \times 10^6 hm^2$，产量约$4.6 \times 10^6 t$，其中，主产国科特迪瓦占总产量的29.4%，其次为印度尼西亚（19.1%）、加纳（14.9%）、尼日利亚（10.1%）、喀麦隆（6.2%）、巴西（5.5%）和厄瓜多尔（3.1%）。

我国可可引种历史相对较短，1922年首次由印度尼西亚和爪哇地区引入台湾嘉义、高雄等地试种；20世纪50年代又先后从越南、泰国、马来西亚、巴布新几内亚等国家引进可可种质，在海南万宁等地试种成功。目前，主要栽培于海南和台湾地区，云南、广东、福建等地也有零星分布。在可可种植环节，中国的影响力十分有限。

二、可可豆的生长

可可树犹如植物世界中的娇小姐，对生长环境格外挑剔。这种原产于热带美洲的梧桐科（sterculiaceae）乔木，只能在赤道南北纬10°以内的较狭窄地带生长；高温、多雨、静风是可可树生长的必要环境条件。

而且，可可树是一种典型的热带雨林内的低层植物，对它周围的其他植物有着很强的依赖性，如果没有高大的树木来遮阴，它就无法存活。

一个成功的可可种植园，必须是一个有层次的人工热带丛林。这个独特的生态系统从高到低可分为三层：在顶部，高大的树木提供可可所必需的荫蔽；第二层就是可可树，因为"屈居人下"是它的习性；第三层是一些低矮的植物，帮助维持这个生态系统所需要的湿度水平。海南多以可可与椰子间作的形式建立可可园。另外，周围还要有像芒果这样的热带水果的存在，因为由水果繁育出来的果蝇是可可花最主要的授粉者。

可可树对生长环境的高要求决定了它只能充当少数派，这也是迄今为止可可豆的生产仍然集中在少数国家的最主要原因。

目前可可的繁殖有种子繁殖和无性繁殖。无性繁殖通常采用插条、芽接、压条3种方法，但播种育苗仍是主要的繁殖手段之一。其优点是简便快捷，能够获得大量苗木供生产之需，尤其是经过选择的自花能孕率很高的优良品种，实生后代一致性近似无性系，具有很大的使用价值。

目前，世界各主产国和地区所种的可可，大多数为经过有目的选育种，尤其是运用杂交手段培育出的优良杂种，以及杂种中选出的优良无性系。

经过修剪和精心培植，在常规栽培条件下，树龄2～3年开始结果，6～7年进入丰产期，经济寿命25～50年。但在种植园里，人类以自己的最大经济效益为标准，人为地操纵着可可树的生与死。一般认为，25年后，一棵可可树的经济作用就到了终点，这时就适于重新种植年轻的可可树来取代它。

每年每株可可树产豆荚60～70枚，橄榄球状的果荚中，有着50多颗可可豆，一个普通豆荚中经过干燥的可可豆重量不到58g。据分析，这些小小的可可豆含有1200多种化学成分，根本无法人工合成，难怪人们称可可豆为"绿色金子"。

人工培植的可可树，它们的高度一般会被人为地控制在4～7m（野生的可可树高达十几米），这可能是考虑了采摘的需要，以方便长柄钢刀够得到可可豆荚。采摘成熟的可可豆荚并非易事，因为可可树很脆弱，而且根基浅。收割时工人们的动作必须轻快而且准确，万一割得太深，脆弱的可可树可能就会枯死。

刚从果荚中取出的可可豆，与我们所熟悉的最终产品巧克力还是有很大的差别，闻上去也不像那么回事儿。

所以，从可可豆走向巧克力的第一步，就是要发酵。发酵要在包裹着可可豆的果肉中进行，一般要持续3～9d，发酵过程将导致复杂的化学变化，并形成在烘烤可可豆时会产生巧克力味道的混合物。

发酵后可可豆被放在太阳底下晒一个星期左右。在干燥过程中，可可豆会失去水分和超过一半的重量。再经过一个除尘、清洁的过程，可可豆就会从雨林地带的种植园运到全球各地。

三、可可豆的质量要求

1. 术语

① 可可豆：经过发酵和干燥的可可树的种子。

② 完好豆：表面完整、籽仁饱满的可可豆。

③ 次豆，包括以下各种。

a. 霉豆：内部发霉的可可豆。

b. 僵豆：一半或一半以上表面呈青灰色或玉白色的可可豆。

c. 虫蛀豆：被昆虫侵蚀、显示损坏痕迹的可可豆。

d. 发芽豆：由于种子胚芽生长、顶破外壳，引起破裂的可可豆。

e. 扁瘪豆：瘪薄得看不到豆仁的可可豆。

f.烟熏豆：被烟熏染过的可可豆。

g.残豆：大于半粒的不完整的可可豆。

h.碎粒：等于或小于半粒的可可豆。

i.壳片：不含可可仁的可可豆芽壳。

2.技术要求

参照原来颁布的国家行业标准LS/T 3221—1994《可可豆》的技术要求，见表10-1。

表10-1　LS/T 3221—1994《可可豆》的技术要求

分类	技术要求			
感官指标	气味：成批可可豆中，不得含有烟熏豆或其他异味的豆。 纯度：成批可可豆中，不得含有非可可豆成分的植物种子。 活虫：成批可可豆不得有活虫			
质量指标	项目	等级		
		一	二	三
	水分/%	7.5		
	杂质/%	1		
	碎粒/%	2		
	霉豆/%	3	4	4
	僵豆/%	3	8	8
	虫蛀豆、发芽豆、扁瘪豆/%	2.5	5	6
	百克粒数，豆粒数/100g	≤100	101～110	111～120
	注：① 当某粒可可豆有几种缺陷时，按最差的一种缺陷分级，其严重程度递减顺序为：霉豆、僵豆、虫蛀豆、发芽豆、扁瘪豆。 ② 质量指标中，有一项不符合等级要求，即降级处理，三级豆以外的应作为等外豆			
卫生要求	应符合GB 2715的规定			

3.注意事项

可可豆的发酵是由生产国在难以控制的原始条件下进行的过程，其结果是并非所有可可豆都均匀发酵。体现这一情形的事实是，随机批次的可可豆表现出各种发酵程度，有的没有发酵，有的已充分发酵。

通常优选使某一批次中充分发酵的不超过80%，因为存在该批次中的一些可可豆会有发酵过头的危险，这样会产生不良异味。

在常规白光中观察完整的可可豆，看不出各种发酵程度之间有任何外部可见的差异，但当切开可可豆时，通过观察切口，即可依据其颜色来评估发酵程度：未发酵的可可豆碎粒呈浓黑灰色（slaty colour）；部分发酵的可可豆碎粒具有明显的紫色；而充分发酵的可可豆碎粒呈特有的纯棕色。

第二节　可可豆的加工

一、工艺

可可豆的加工工艺大同小异，主要包括以下工序。

① 发酵　如前所述，从可可豆走向巧克力的第一步，就是要发酵。将可可豆放置在一个木箱中发酵，发酵后的可可豆就有了其典型的风味和深棕色的颜色。

② 晒干　接下来，人们必须将可可豆放在太阳光下晒干。这个过程要重复好几次。晒干后的可可豆将被装进麻袋中，并被运送到大型港口，再运往巧克力加工厂。

③ 焙炒　可可豆在巧克力加工厂中脱壳之后，会经历一个焙炒的过程，在这个过程中就会形成巧克力特有的香味。

④ 磨浆　可可豆将被放置在一个研磨机中，并研磨成浆状，就是可可液块。

⑤ 压榨　可可液块经过压榨，得到可可饼块、可可脂。

⑥ 破碎　可可饼块经过破碎，得到可可粉。

⑦ 碱化　可进行多个碱化处理，分为：可可豆仁碱化、可可液块碱化、可可粉碱化。

在这些工序中，发酵、焙炒、碱化是关键工序。

二、发酵

可可果实成熟后采收下来，剖开果壳，被一层糖衣果肉包裹着的生可可豆叫作"湿豆"，而被称为"nib"的可可果仁则是整个可可豆最有经济价值的部分。生果仁不具有任何味道、香气，尝起来也没有任何可可产品的味道，不适宜加工成各种食品。

发酵就是将大量的湿豆堆放在一起进行发酵，发酵时间3～9d不等。大多数的发酵方式，通常都需要隔天进行搅拌。发酵的结果之一，就是使豆外围的果肉脱落，但是更重要的是在发酵过程中所产生的一系列必要的生化反应。在各生产国采用的众多发酵方式当中，堆积发酵法、盘子发酵法和箱子发酵法被认为是标准的发酵方法，是在生产中被广泛应用的发酵方法。

可可豆发酵是加工过程中非常重要的一道工序，发酵的程度极大地影响到最终可可制品的风味和质量，所以发酵的控制具有重要的实际价值。可可发酵过程中，由于存在微生物的作用，从而产生了一系列的物理和化学变化：可可豆温度升高，酸度增加，果胶不断降解，多糖降解生成低聚糖和单糖，蛋白质会发生降解生成肽和氨基酸等成分。

可可具备特有而复杂的风味物质，其前体物质是在可可肉质部分中产生的；不同于许多其他肉质原料的发酵，可可内源酶在风味形成中扮演着重要角色，发酵完全的可可豆变成棕褐色；发酵不完全的表现出紫色，并有过度的苦味和收敛性。

三、焙炒

焙炒对于形成最终制品的风味和颜色是重要的。巧克力的色、香、味主要取决于可可豆的焙炒程度。因此，可可豆的焙炒是巧克力制造过程中的一个关键工序。

所谓"可可豆的焙炒"，其确切的含义是"可可豆在热空气中的处理"。可可豆热处理的所需程度，要根据各种豆子的成熟度和它所经受的预处理条件而区别对待。

实践经验表明，可可豆的准确焙炒具有显著的重要性。通常，对于香味较弱、半成熟晒干的非洲种可可豆，焙炒温度通常以100～120℃为宜；较高的烤制温度（高达180℃）将导致颜色较深，而较低温度（低至75℃）将导致颜色较浅。

在可可豆的加工过程中，发酵与焙烤是至关重要的两道工序。

发酵过程中，形成了可可豆香气的前体物质，主要为肽、氨基酸与单糖，而多酚类物质含量会降低，这些变化是后期可可豆巧克力风味的基础。

焙烤过程中，通过前体物的美拉德反应形成特征性的巧克力香气。

因此，可可豆加工中，要根据最终巧克力的风味选择合适的可可豆焙炒工艺，并通过控制可可豆发酵过程，从而形成巧克力产品的独特品质，这样才能真正实现对可可豆加工过程的调控。

四、碱化

可可粉是生产巧克力的主要原料，也是可可饮料及烘焙制品的重要配料。可可粉的色泽和风味是衡量可可品质的主要指标，而碱化工艺是控制可可粉色泽、风味、pH值的必要手段。

通常使用的碱性化学品是钠、钙、钾、铵、镁化合物，如碳酸钾、氢氧化钠、碳酸氢铵、氢氧化钾。

碱化处理可以在可可豆加工的不同阶段、在可可的不同状态下进行，在可可豆焙炒前、可可碎仁过程中、可可豆焙炒后、可可液块和可可饼不同工序中都可以实施。主要分为可可仁碱化、可可液块碱化、可可粉碱化。在碱化过程中，可以改变可可粉的色泽。

1.可可仁碱化

可可仁碱化的具体过程：先焙烤可可豆使豆仁破碎并且仁壳分离，将可可碎仁放入碱化器中，加入已经配置好的一定浓度的碱液，搅拌混匀后，在设定的温度下进行反应，在充分反应后除去剩余的水分，得到碱化后的碎仁。

有些国家在工业上使用可可仁碱化处理，是直接在焙炒器中进行的，具体工艺为：将溶液加入焙炒好的可可豆仁中，将焙炒器翻动干燥2h，然后磨浆成液块。

2.可可液块碱化

可可液块碱化的具体过程：先将已经焙烤过的可可碎仁研磨成液块，放入碱化器中，加入已经配置好的一定浓度的碱液，充分搅匀后，在设定的温度下进行反应，得到碱化后的可可液块。

液块碱化是较多被使用的方法，比较经济。一般，碱液要分两次逐步加入，混匀碱化。

3.可可粉碱化

可可粉碱化的具体过程：可可液块经过压榨得到可可饼和可可脂，将可可饼破碎后得到可可粉，放入碱化器中，加入已经配置好的一定浓度的碱液，充分搅匀后，在设定的温度下进行反应；在充分反应后除去剩余的水分，得到碱化后的可可粉。

4.碱化与色泽、香味

在可可仁碱化时，施加一定压力，可以提高碱化温度，使其达到110℃以上，而且压力可以促进碱液渗透到豆仁中，以此加强可可仁碱化的程度，加深可可粉的色泽。

碱化的可可粉颜色较深，但是可可风味不明显，需要进一步改善，有研究发现在碱化粉中加入风味前体，通过二次烘焙可以起到增香效果。

第三节　可可制品

可可制品主要有以下三类。

一、可可液块、可可饼块

可可液块及饼块是生产巧克力的重要原料。

可可液块也称可可料或苦料。可可豆经去壳、焙炒等工序，经过研磨而成酱体，就是可可液块。刚研磨好的可可液块是流动性较好、质地均匀的液态产品，温度降至32℃后，成为质地较硬、爽滑的固态产品，因此称为液块。它的这一特性决定了巧克力的诸多品质。可可液块呈褐棕色，香气浓郁并具苦涩味。

可可饼块是可可液块经过压榨脱去大部分可可脂而得到的块状产品。

可可液块和饼块味苦，略带涩味，一般不作为食品供消费者食用。可可液块作为商品出售，部分用于压榨可可脂和可可饼块，更多用于生产巧克力。可可饼块作为商品出售，主要是生产可可粉，进一步用于生产巧克力或饮料。

可可液块和可可饼块是生产巧克力的重要原料，其品质直接关系到下游产品的质量。巧克力的质量受生产技术、原料等多种因素影响，任何一种原料的改变都将对巧克力的内在品质、风味产生影响，尤以可可液块为最。因为巧克力的浓郁而独特的香味源于可可液块中的可可脂，令人愉悦的苦味源于其中的可可碱、咖啡碱，淡淡的涩味源于其中的单宁质。

可可液块中如有掺假，或者杂质、霉变成分超标，生产的巧克力滋味不纯，口感不正，特有的风味也将受到严重影响。劣质的可可饼块中含有果壳粉、可可壳粉等非食用物质，以此为原料产出的巧克力被食用后，将影响人体代谢和对营养物质的正常吸收，从而导致多种疾病。

因此，可可液块和可可饼块的加工和应用领域都需要把控产品内在质量，技术要求见表10-2。

表10-2 GB/T 20705—2006对可可液块及可可饼块的技术要求

分类	项目	技术要求						
原料要求	可可仁	可可仁中的可可壳和胚芽含量，按非脂干固物计算不应高于5%，或按未碱化干物质计算，不应高于4.5%（指可可壳）						
感官指标	项目	要求						
		可可液块	天然可可饼块			碱化可可饼块		
	色泽	呈棕红色到深棕红色	呈棕黄色至浅棕色			呈棕红色至棕黑色		
	气味	具有正常的可可香气，无霉味、焦味、哈败或其他异味						
理化要求	项目	指标						
		可可液块	可可饼块			可可饼块		
			天然可可饼块			碱化可可饼块		
			高脂	中脂	低脂	高脂	中脂	低脂
	可可脂（以干物质计）/%　≥	≥52.0	≥20.0	14.0～20.0（不包括20.0）	10.0～14.0（不包括14.0）	≥20.0	14.0～20.0（不包括20.0）	10.0～14.0（不包括14.0）
	水分及挥发物/%　≤	2.0	5.0			5.0		
	细度/%①　≥	98.0	—			—		
	灰分（以干物质计）/%	—	8.0			10.0（轻碱化），12.0（重碱化）		
	pH值	—	5.0～5.8（含5.8）			5.8～6.8（含6.8）（轻碱化），>6.8（重碱化）		

分类	技术要求		
	项目		指标
	总砷（以As计）/（mg/kg）	≤	1.0
总砷和微生物学要求	菌落总数/（cfu/g）	≤	5000
	大肠菌群/（MPN/100g）	≤	30
	酵母菌/（个/g）	≤	50
	霉菌/（个/g）	≤	100
	致病菌（沙门氏菌、志贺氏菌、金黄色葡萄球菌）		不得检出

① 通过孔径为0.075mm（200目/英寸）标准筛的百分率，1英寸=0.0254m。

注：1. "原料要求"意味着：以次充好、偷工减料等一系列不规范的加工行为，制造出的可可液块都将被判为不合格产品。

2. 可可液块的细度为98.0%。可可液块的细度都在98.0%以上，而非正规厂家可可液块的细度很难达到这一要求。所以这一指标不仅有助于提高国产可可液块的品质，也保护了正规厂家的利益。一些不正规厂家因为设备简陋、工艺简单，产品的总砷指标很难得到保证。所以这一指标的意义又在于提高可可加工业的准入门槛，进一步保证了下游产品的食品安全。

3. 总砷含量，该项指标的确立足于确保消费者的健康，体现了"以人为本"的理念。

二、可可脂

天然可可脂（cocoa butter或cacao butter，CB）是可可豆经压榨法制得的具有特殊功能的油脂，盛产于热带（主要在非洲），常温下为乳黄色固体，外观类似白蜡，具有芳香气味。由于这种油脂具有风味好、不易氧化、不被脂解酶分解、加工巧克力时黏度适宜、易于调和和成型等优点，因此是制取优良巧克力不可缺少的一项油脂成分。

1.可可脂的物化性质

化学性质方面，可可脂的一个典型特性就是几乎50%的不饱和油酸分布在甘油基β位或2位上，而饱和的棕榈酸和硬脂酸分布在α位或1、3位上。可可脂甘三酯的这种分布特性提供了非常有价值的结晶形式和熔解性能，使得巧克力在体温下即可快速熔化。在食用高品质的巧克力过程中，巧克力快速熔解形成一种冷却效应，即人们通常享受到的特殊口感。

就可可脂的脂肪酸组成而言，可可脂是一种组成相对单一的油脂。棕榈酸、硬脂酸及油酸等三种脂肪酸含量占可可脂总脂肪酸含量的95%以上，典型的可可脂脂肪酸组成见表10-3。

表10-3 西非可可脂的典型脂肪酸组成

脂肪酸组成	含量/%
肉蔻豆酸（myristic acid）	0.1
棕榈酸（palmitic acid）	26.0
棕榈油酸（palmitoleic acid）	0.3
硬脂酸（stearic acid）	34.4
油酸（oleic acid）	34.8
亚油酸（linoleic acid）	3.0
亚麻酸（linolenic acid）	0.2
花生酸（arachidic acid）	1.0
山嵛酸（behenic acid）	0.2

可可脂的脂肪酸组成的单一性，不仅使可可脂拥有单一性的甘油三酯组成，而且甘油三酯的结构也具有特殊性。可可脂甘油三酯主要包括1,3-二棕榈酸-2-油酸甘油三酯（POP）、1,3-二硬脂酸-2-油酸甘油三酯（SOS）及1-棕榈酸-2-油酸-3-硬脂酸甘油三酯（POS）。可可脂的脂肪酸及甘油三酯组成，会因为不同种植区域和不同种植方法而有一定的变化，但是其变化范围很小。

可可脂独特的甘油三酯结构及其组成，使其具备其他油脂所不具备的显著特点，一是可可脂的塑性范围很窄，在低于熔点温度时，可可脂具有典型的表面光滑感和良好的脆性，有很大的收缩性，具有良好的脱模性，不粘手，不变软，无油腻感；二是在最稳定的结晶状态下熔点范围为35～37℃，即在一般室温下呈固态，而进入人体后完全熔化。由于自身独特的风味和熔化特性，使可可脂成为生产巧克力不可或缺的原料，而且也是巧克力热量的主要来源。

可可脂存在同质多晶现象，因此制作巧克力过程中需要进行仔细的调温，以便得到正确的晶型体。调温不当，可可脂会形成较为粗糙的晶型体，影响巧克力的质地和外观（起霜）。

2. 可可脂的技术要求

可可脂是巧克力的理想、专用油脂，几乎具备了各种植物油脂的一切优点，至今还未发现能与其相媲美的其他油脂。可可脂含量是区分巧克力纯度的重要指标，可可脂使巧克力具有浓香醇厚的味道和诱人的光泽，并赋予巧克力独特的平滑感和入口即化的特点，给人们带来美妙的感受。其技术要求见表10-4。

表10-4　GB/T 20707—2006对可可脂的技术要求

分类	项目		指标
感官要求	色泽		熔化后的色泽呈明亮的柠檬黄至淡金黄色
	透明度		澄清透明至微浊
	气味		熔化后具有正常的可可香气，无霉味、焦味、哈败味或其他异味
理化要求	色价（$K_2Cr_2O_7/H_2SO_4$）/（g/100mL）	≤	0.15
	折射率（n_D^{40}）		1.4560～1.4590
	水分及挥发物/%	≤	0.20
	游离脂的酸（以油酸计）/%	≤	1.75
	碘价（以碘计）/（g/100g）		33～42
	皂化价（以KOH计）/（mg/g）		188～198
	不皂化物/%	≤	0.35
	滑动熔点/℃		30～34
总砷要求	总砷（以As计）/（mg/kg）	≤	0.5

三、可可粉

可可粉具有浓烈的可可香气，可用于高档巧克力、速溶巧克力粉、可可风味饮料、糕点以及其他可可风味类食品的制造。

可可粉是制造巧克力的重要原料，也是巧克力的灵魂。巧克力具有的浓郁香味，其主要风味来自于可可粉自身蕴含的美妙滋味。因为可可粉中含有可可碱、咖啡碱，带有令人愉快的苦味。可可粉中的单宁质有淡淡的涩味；可可脂产生爽滑的味感。可可粉的苦涩酸，可可脂的滑，配以砂糖、乳粉、乳脂、香兰素、卵磷脂等辅料，再经过精磨、精炼加工工艺，使巧克力保持了可可特有的滋味从而更加可口。

可可粉含有可可脂、蛋白质、膳食纤维以及类黄酮、维生素等多种生物活性成分（其化学组成见表10-5），从而使其具有稳定血糖、控制食欲及稳定情绪等多种生物活性。

表10-5　可可粉的化学组成（去除可可脂和水）

化学组分	天然可可粉	碱化可可粉
灰分	6.3%	10.3%
可可碱	2.9%	2.8%
咖啡碱	0.5%	0.5%
多元酚	14.6%	14.0%
蛋白质	28.1%	27.0%
砂糖	2.4%	2.3%
淀粉	14.6%	14.0%
纤维素	22.0%	21.2%
戊聚糖	3.7%	3.4%
酸	3.7%	3.4%
其他物质	1.2%	1.1%

目前我国可可粉所执行的国家标准GB/T 20706—2006对可可粉感官指标、理化指标及微生物指标进行了相关规定（见表10-6），但缺乏有效成分的相关质量标准。

纯正优质的可可粉能用于制造许多食品，如饼干、巧克力饮料、布丁、奶油、夹心糖、巧克力糖点、冰淇淋等，但90%以上用于制造巧克力，少量用于制造各式饮料。目前，随着人们饮食结构和营养价值观念的改变，可可粉越来越受到人们的喜爱，其应用范围呈现日益增大的趋势。

表10-6 GB/T 20706—2006 对可可粉的技术要求

分类	项目	技术要求					
原料要求	可可饼块应符合 GB/T 20705 的规定						

感官要求

项目	天然可可粉	碱化可可粉
粉色	呈棕黄色至浅棕色	呈棕红色至棕黑色
汤色	呈浅棕红色	呈棕红色至棕黑色
气味	具有正常可可香气，无烟焦味、霉味或其他异味	

理化要求

项目	天然可可粉			碱化可可粉		
	指标			指标		
	高脂	中脂	低脂	高脂	中脂	低脂
可可脂（以干物质计）/% ≥	≥20.0	14.0~20.0（不含20.0）	10.0~14.0（不含14.0）	≥20.0	14.0~20.0（不含20.0）	10.0~14.0（不含14.0）
水分/% ≤	5.0			5.0		
灰分（以干物质计）/% ≤	8.0			10.0（轻碱化），12.0（重碱化）		
细度%① ≥	99.0			99.0		
pH值	5.0~5.8（含5.8）			5.8~6.8（含5.8）（轻碱化），>6.8（重碱化）		

总砷和微生物学要求

项目	指标
总砷（以As计）/（mg/kg）≤	1.0
菌落总数/（cfu/g）≤	5000
大肠菌群/（MPN/100g）≤	30
酵母菌/（个/g）≤	50
霉菌/（个/g）≤	100
致病菌（沙门氏菌、志贺氏菌、金黄色葡萄球菌）	不得检出

① 通过孔径为0.075mm（200目/英寸）标准筛的百分率，1英寸=0.0254米。

第十一章

黑巧克力、白巧克力、牛奶巧克力：设计、配方与工艺

Chapter 11

黑巧克力、白巧克力、牛奶巧克力是三种在色泽和滋味上各具特色的巧克力。我们将黑巧克力视为基本产品，对它的配方与工艺进行微调，就能形成其他两种产品。因此把它们并列在一起，便于更好地理解。

本章内容如图11-1所示。

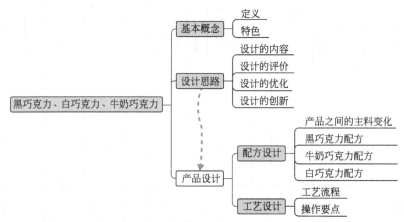

图11-1 黑、白、牛奶巧克力的内容

黑巧克力是喜欢品尝"原味巧克力"人群的最爱。甚至有些人认为，吃黑巧克力才是吃真正的巧克力。

随着人们健康意识和审美观念的改变，黑巧克力以健康、独特的姿态重新进入人们的视野。借用巧克力制作大师皮埃尔那段著名的话："这似乎是所有巧克力爱好者的归宿：一开始，是牛奶巧克力作启蒙，这是每个人都热爱的，然后改变渐渐发生，你会越来越爱纯度更高的；就像葡萄酒，勃艮第（Burgundy）是葡萄酒爱好者的最后选择。"

牛奶巧克力于1876年由 Daniel Peter 发明，自从商品化以后，占据着重要的巧克力市场。长期以来，牛奶巧克力以它的口感均衡而受到消费者的喜爱，成为世界上消费量最大的一类巧克力产品。

白巧克力一般作为一种休闲食品出现，它与一般巧克力的区别是它并没有添加可可粉，而是由可可脂等作为主原料制成，可可脂是巧克力在室温时保持固体而又能很快在口中融化的成分，因此白巧克力和巧克力具有同样的质地、不同的味道。

第一节 黑巧克力、白巧克力、牛奶巧克力的基本概念

一、黑巧克力、白巧克力、牛奶巧克力的定义

巧克力（chocolate）在 GB/T 19343—2016 中的定义是：以可可制品（可可脂、可可块或可可液块、可可油饼、可可粉）为主要原料，添加或不添加非可可植物脂肪、食糖、乳制品、食品添加剂及食品营养强化剂，经特定工艺制成的在常温下保持固体或半固体状态的食品（非可可植物脂肪添加量占总质量分数≤5%）。

黑巧克力（dark chocolate）也称纯巧克力，一般指可可固形物含量为 70%～99% 或乳质含量少于 12% 的巧克力。主要由可可脂、可可粉、少量糖组成，可可脂含量较高，硬度较大，具有可可苦味。

黑巧克力的色泽不是黑色，是深色，一般是深棕色，因为烘焙后可可豆的最终颜色是和烘焙温度、时间密切相关的，不可能达到所谓的黑色（全黑），因为黑色是碳化的标记，不能食用。

白巧克力是指不添加非脂可可物质的巧克力，即不含可可粉的巧克力。

但是，白巧克力不是纯白色，因为可可脂是象牙白（发黄）。就算混合了牛奶，也达不到白色，因为牛奶本身是奶白色（乳脂肪决定的）。

牛奶巧克力（milk chocolate）是一种含有牛奶口味的巧克力，至少含 10% 的可可浆、12% 的乳质。

二、黑巧克力、白巧克力、牛奶巧克力的特色

黑巧克力的可可香味没有被其他味道所掩盖，在口中融化后，可可的香味会在齿间四溢许久。有较多科学证据指出，可可中的多酚类化合物（可可多酚）有显著的抗氧化作用，对提高胰岛素敏感度和心血管功能有一定帮助。其抗氧化成分的含量与可可含量成正比，可可含量越高，其抗氧化成分的含量也越高。美国耶鲁·格里芬预防研究中心（Yale-Griffin Prevention Research Center）发布的一项研究表明，黑巧克力对降低血压、改善血管功能、促进血管扩张等都有积极的影响。

对牛奶巧克力来说，由于包含奶而让消费者期望一些营养上的益处。奶是包含蛋白质、矿物质、维生素、酶、脂肪和糖的复合生物流体。有研究显示，吃牛奶巧

克力有助于增强脑功能，尤其是帮助大脑集中注意力。牛奶巧克力中含有很多可以起到刺激作用的物质，例如可可碱、咖啡因等，这些物质可以增强大脑的活力，让人变得更机敏，注意力增强。

白巧克力不含有可可粉，风味特征很不同于牛奶巧克力和黑巧克力。它仅有可可的香味，这样仍然保持了巧克力的一些风味，但苦涩味却大大减少了。由于不含可可粉，产品的其他特征就可能明显地体现出来，即使是不希望的。白巧克力虽然在口感上与牛奶巧克力大致相同，但乳制品和糖粉的含量相对较大，甜度高，乳制品、甜味剂和脂肪成分的风味将更加突出，可能在食用期间具有蜡质或油腻口感，而不是口中顺滑、丝般的感觉。

第二节　黑巧克力、白巧克力、牛奶巧克力设计思路

黑巧克力、白巧克力、牛奶巧克力的设计思路可分为四条线，如图11-2所示。

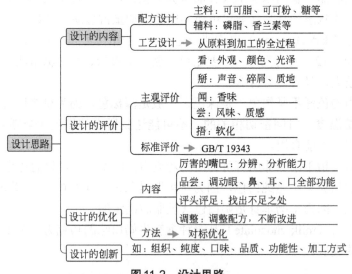

图11-2　设计思路

一、设计的内容

设计的内容主要包括配方设计与工艺设计两个方面。

1.配方设计

通过主料确定主体风味，通过辅料协同增效，从而确定风味质感来源、组成、配比。

（1）主料——主体风味

从胶体结构角度分析，巧克力是以脂肪为分散介质，糖、可可粉、乳粉等为分散相的复杂多相分散体系。巧克力的融化特性主要取决于所选用基料油脂的类型和

性质，不同化学组成和性质的基料油脂形成不同的巧克力特性。

浓郁的巧克力香味基本上取决于可可豆中香味物质的平衡比例，这是因为某些香味特征只来自可可固体物，部分则来自可可豆的脂肪。经过发酵、干燥和焙炒之后的可可豆，加工成可可液块、可可脂和可可粉后会产生浓郁而独特的香味，这种天然香气构成巧克力的主体风味。

可可中含有可可碱和咖啡碱，带来令人愉快的苦味，可可中的单宁质有淡淡的涩味，可可脂能产生滑爽的味感。可可脂是让巧克力闻之味道芬芳、入口即化、口感滑顺舒畅的奥秘所在。乳制品的存在赋予巧克力以乳和可可的混合香味，加工过程中乳蛋白和糖形成的焦糖可使巧克力产生焦香味。

（2）辅料——协同增效

可可的苦、涩、酸，可可脂的滑，砂糖的甜，乳粉的乳脂香味，借助磷脂、香兰素等辅料，再经过精湛的加工工艺，使这些互不相溶的组分很好地结合在一起，使巧克力不仅保持了可可特有的滋味，而且令它更加和谐、愉悦和可口。

制造优质巧克力的关键就在于使这些互不相溶的组分很好地结合在一起，炼制出具有独特香气和香味的巧克力。

2.工艺设计

从组成和加工工艺角度分析，巧克力是由可可脂、可可粉、糖、乳制品和表面活性剂等经混合、精磨、精炼、调温、浇模成型等工序加工制得的，具有独特色泽、香味和口感的固体食品。

巧克力的风味形成与最终的风味质量，不仅取决于加工过程，还与可可豆的种类有关，并受可可豆加工工艺的影响，如发酵、焙烤、混合搅拌、碱性化处理等。发酵阶段是产生巧克力风味前体物质的关键阶段，混合搅拌影响巧克力的最终质构，并且在此阶段会去除过多的挥发性酸和水分。

由此可见，要得到风味上乘的巧克力产品，必须从源头抓起，从可可豆的加工工艺到巧克力的生产工艺，每一步的参数变动都可能影响成品的最终风味质量。

二、设计的评价

1.主观评价

食用过程中可以感知巧克力的差别主要为：色泽、香味、口感/质地的软硬、顺滑度、是否有蜡质感、熔化速度、酸度、涩度、额外添加的调味、是否回甘等方面。总的来说，就是主观感受。

主观评价主要从看、掰、闻、尝、捂五个方面进行。

（1）看

巧克力的颜色可以从深红棕色到黑棕色。如果是浇模成型的巧克力，表面应光滑细致、色泽饱和。

纯正的、品质很好的巧克力外观非常完整、光亮，光泽度很好，仔细观察能看到反光。

不好的、低劣的巧克力几乎没有什么光泽，而且产品的外观粗糙，呈花白色，如同表面覆盖一层白霜，质地疏松，比较粗糙，呈蜂窝状。

（2）掰

① 声音　品质优良的巧克力轻轻一掰即碎，折断时干净利落，声音清脆；声音越清脆，通常巧克力越新鲜，品质越好；声音笨重，说明巧克力调温不当。

② 碎屑　可可成分越高的巧克力，通常掰断的边缘也越整齐，基本不会有碎屑。

③ 质地　掰开后，可以看到产品的质地，品质很好的巧克力是细腻、均匀的；质地不好的巧克力会有很多气孔，很不均匀。

（3）闻

优质的巧克力，在你打开包装时，就会闻到它特殊的味道；它拥有着新鲜、浓郁的芳香，而不是由于添加一些人工香料等发出的过度浓香等。

（4）尝

好的巧克力拥有非常浓郁的风味，会因不同质地而使口感产生细微的差别。

品尝巧克力时，用舌头将它顶到上颚，并在融化时感觉巧克力的质地。将巧克力在舌上轻轻滚动，使它的味道在口里弥散开来。起初，会感觉到有如坚果般的微硬和由巧克力香味而发散出的炽热，随后而来的是甜蜜的感觉和其他配料产生的味道。甜度应该是有节制的，不会喧宾夺主，而掩盖可可本身的醇香。最重要的是可可本身的香味，某种程度上就像茶一样，是有厚度的，微苦过后有一种回甘。苦味和涩味，是由可可固形物带来的。

上好的巧克力拥有着天鹅绒般丝滑的质感，没有微粒感。让它在舌尖融化，感受巧克力的浓稠和丝滑。巧克力的外观和稠度、入口即溶感受到的丝滑、冷的时候又质地坚硬是可可脂的物理特性。

黑巧克力的可可浓香要远远高于其他巧克力，吃完以后，齿颊会有浓浓的可可香味。

上好的巧克力往往会在口中停留较长时间，那种令人愉悦的香气则久久弥漫在上颚，经久不散。就像好的酒一样会有比较悠长的回味，即使巧克力已经吃完了，但是口腔里依然还能感受到一股悠长的回味，回味时间的长短也是衡量一款巧克力品质的重要指标。

（5）捂

把巧克力捂在手里，很快变软的说明就是用大量的可可脂做的。

2.标准

巧克力和巧克力制品的感官要求：具有巧克力、巧克力制品具体产品应有的色泽、形态、组织、香味和滋味，无异味，无正常视力可见的外来杂质。

其基本成分按原始配料计算，各类指标应符合表11-1的规定。

表11-1　巧克力及巧克力制品的基本成分（GB/T 19343—2016）

项目		巧克力			巧克力制品
		黑巧克力	白巧克力	牛奶巧克力	
可可脂（以干物质计）/（g/100g）	≥	18	20	—	18（黑巧克力部分），20（白巧克力部分）
非脂可可固形物（以干物质计）/（g/100g）	≥	12	—	2.5	12（黑巧克力部分），2.5（牛奶巧克力部分）
总可可固形物（以干物质计）/（g/100g）	≥	30	—	25	30（黑巧克力部分），25（牛奶巧克力部分）
乳脂肪（以干物质计）/（g/100g）	≥	—	2.5	2.5	2.5（白巧克力和牛奶巧克力部分）
总乳固体（以干物质计）/（g/100g）	≥	—	14	12	14（白巧克力部分），12（牛奶巧克力部分）
细度/μm	≤	35			—
巧克力制品中巧克力的质量分数/（g/100g）	≥	—			25

三、设计的优化

1.内容

设计的优化，是通过"厉害的嘴巴"、品尝、"评头论足"，然后进行调整。

①"厉害的嘴巴"　这需要进行艰苦训练。巧克力的品尝师就像名酒的品尝师一样，其"绝技"是：在被蒙着双眼的情况下，只要轻咬一小块巧克力，让它在舌尖化开，就能说出这种巧克力含糖量多高，生产时加入了哪些香料，乃至它属于哪个档次、应该卖多少钱一盒等信息。

② 品尝　品尝师在工作时，需要调动眼、鼻、耳、口全部功能。在品尝前，应呷上一小口纯净水清洁口腔。而对一款巧克力，要做到眼观其形，是否令人有食欲；鼻嗅其味，是否具有浓郁的可可香味；耳听其声，好的巧克力掰开时应声音清脆；最后是口品其香，品味巧克力是否细腻爽滑无杂质。

在品尝新产品时，只是轻轻咬上一小口，让它在嘴里融化，布满整个舌头，在搜集到味觉信息后就把它吐掉，而不是咽进肚子里。

③"评头论足"　品尝师们一边享用产品，一边对它进行"评头论足"：这种巧克力是油腻的还是清淡的；有没有砂粒感；在甜味和苦味之间是否保持着很好的平衡；香料运用得是否巧妙；是否太强烈，有一种人工香精的味道……总之，要找出产品的不足之处。

④ 调整　根据找出的不足之处，再调整配方，不断改进。

2.方法

通常通过对标进行优化，其流程是：粗略"品"出"标准样品"（简称"标样"）巧克力含有多少可可、奶粉、香料和糖，并写出一张配料单，让车间照单试制小样。

然后，再拿小样同"标样"进行对比品尝，不断修改配方，使两者之间的距离越缩越短，直至味道一模一样，甚至超越标样。

四、设计的创新

可供选择的方向很多，以下列举几个方面的创新。

1.组织方面

既可以在通常的组合方式上，也可以在与空间的组合上做文章。

例如，用黑巧克力做的酒心巧克力，外壳是坚脆香浓的可可，内馅酒味强烈，口感滑润而清爽，黑巧克力与酒香互相均衡，余味绕舌。

橘子和巧克力是这几年最常见的组合，用橘子蜜饯裹上黑巧克力，涂层厚薄有致，风味突出。

再例如空心巧克力，成型机以旋转离心工作原理完成空心巧克力产品成型工序，形成造型立体、新颖可爱的空心巧克力制品，具有艺术欣赏及商品经济附加值。

2.纯度方面

常用的方法是混合。最简单的方法就是将不同发酵、不同产地的可可豆按照不同比例进行混合，有点像白酒和威士忌勾兑。这样比选择单一产地、名贵可可品种、使用复杂发酵烘焙工艺更具有成本上的优势。

通常可可含量超过80%就很难让人接受，但用不同的可可豆拼配，能够找到最佳口感，把巧克力做得柔滑、美味无比。例如，瑞士的日内瓦老店MICHELI最著名的特色产品：75%、85%、100%可可含量的巧克力，滋味和口感都趋于完美。其中，100%的在口中融化得很慢，但绝不艰涩，非常细腻，厚重的香醇味道浓得几乎化不开，搭配黑咖啡最好。

3.口味改变

巧克力与其他食物搭配，以多种变化来满足消费者的需要。与巧克力搭配的有橙香、日本芥辣、迷迭香、桂皮和薰衣草等，对香料的引入也越来越多。马来西亚盛产榴莲，巧克力制作厂商就把榴莲加入巧克力中，可以同时品尝到榴莲和巧克力独特的味道。也有制造商采取冷冻后的水果果肉注入巧克力粒中，除了水果与巧克力的香味，也可以品尝到水果果肉的口感。

将风味物质加入巧克力中时，要注意在生产中的可行性以及保质期。例如，不要将任何水基的物质作为一种风味物质引入巧克力中，因为巧克力一接触到水就会变软。事实上，除了少数状况之外，例如辣椒粉、肉桂和姜，大部分加入巧克力中的风味物质不是直接加在巧克力中，而是加在巧克力的内含物中，如软糖、焦糖中。

另一个难题是巧克力结合风味物质的性质，尤其是脂溶性的风味物质，这样的物质会消散。因此，对巧克力进行调味是非常复杂的问题，需要将风味物质加入其中，保留一定的时间，还要不失去平衡。

4.品质改良

例如，添加L-阿拉伯糖（简称阿糖）的巧克力样品，感官评分值明显较高，拥有浓郁诱人的香味和丝滑纯正口感。这是由于阿糖相对蔗糖的吸湿性小，不易结晶析出，避免了出现花斑或发暗的现象；同时，在精磨和精炼工序中，更容易与可可脂等其他物料充分乳化，形成稳定晶型的可可脂晶型。当比例达到5.5%时，样品形成稳定致密的微观结构，质地均匀一致，表面光滑、有光泽，剖面紧密、细腻，口感丝滑纯正。比例超过5.5%后，感官没有明显的变化。

5.功能性

为迎合健康饮食、肥胖的食客不再拒绝巧克力，已经出现了护牙、粗纤维、低糖、低脂肪等巧克力产品。

6.加工方式

通过超细可可粉生产工艺，生产的巧克力口感独特、细腻润滑。

第三节　黑巧克力、白巧克力、牛奶巧克力配方设计

巧克力是以可可料和砂糖为基础，添加乳制品、表面活性剂、调味料、香料等加工制成的一类特殊食品。其基本组成成分为可可脂、可可粉、砂糖、乳粉。根据消费者的需要，对这些成分比例做不同的调整，可以制造出品种不同的巧克力。

一、产品之间的主料变化

黑巧克力、牛奶巧克力、白巧克力之间的主料变化，可以这样理解：黑巧克力+奶粉→牛奶巧克力，牛奶巧克力-可可粉→白巧克力。如图11-3所示。

图11-3　产品之间的主料变化

二、黑巧克力配方

我们从四个方面来解读黑巧克力的配方，如图11-4所示。

1.指标

所谓的指标，是指可可含量，这事关甜度与成本、苦甜的平衡。

如图11-5所示，为黑巧克力的主料组成及通常用量，可可含量为可可脂和可可粉之和，如果可可含量高，就意味着白砂糖的含量减少，成本提高。

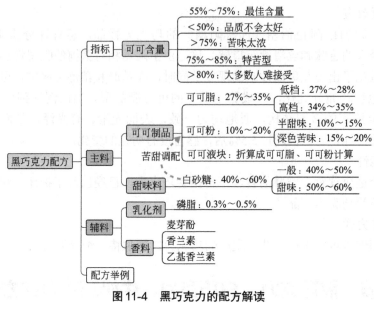

图 11-4　黑巧克力的配方解读

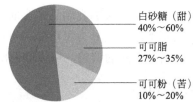

图 11-5　黑巧克力的主料组成

　　一般来说，如果黑巧克力中的可可固形物含量在50%以下，那么它们的品质不会太好。因为这样的产品要么太甜，要么太油腻。

　　黑巧克力甘甜浓香，但并非越苦味道越佳。最佳的可可含量约在55%～75%之间，最关键的是可可豆的质量。

　　可可含量越高，就意味着含糖量越低。可可成分大于75%，巧克力就会变得一味的苦，从而掩盖了本身的甘甜，同时也因苦味过浓，搭配不了其他味道的夹心馅料，所以，75%大概是黑巧克力中可可成分的极限。

　　可可含量为75%～85%的巧克力属于特苦型巧克力，这是巧克力可口的上限。通常可可含量超过80%的黑巧克力，口感苦，很难为大多数人所接受。

　　那些狂热的巧克力迷喜欢可可含量高于85%的巧克力，对可可的浓郁香气和苦味情有独钟，有部分骨灰级的巧克力迷爱吃100%含量的巧克力；个人接受程度不同，一般人看不懂。也有人对此大倒苦水："买了100%黑巧克力，苦得无法下咽。我觉得比中药苦多了……吐出来，漱了口，还感觉回味悠长。"这说明，口味差异是极其主观的，就在于如何习惯它，就像第一次喝生普洱茶不习惯，喝久了却再难离开。

2.主料

一块巧克力的优劣可从其天然可可液块、可可脂、可可粉、糖类等核心原料的含量来评判。

（1）可可液块

可可液块的可可固形物与脂肪成分大约各占一半。所以，在用于生产巧克力时，必须加入压榨的可可脂，直至最终产品的可可脂与固形物比率约为3：1，使产品获得平衡的香味，并具有典型巧克力的组织质感。

（2）可可脂

可可脂有它独特的特性：入口即化，并且能够赋予巧克力独特的口感。可可脂的晶型结构也赋予巧克力与众不同的遇热软化、遇冷硬脆的质地特征以及光亮的外观。这是其他成分无法完全替代的。

巧克力的硬度是产品成功的一个关键特性，巧克力在常温下的脆性与可可脂的硬度或固体脂肪含量有着直接的关系。巧克力中可可脂的成分比例要根据巧克力的物理性状、风味、品质来考虑。一般来说，可可脂含量越高，质地越硬，因此好的黑巧克力掰开的时候会发出清脆声，断面比较平滑。

由于在价格上及对配方中脂肪含量的限制，再加上加工所出现的困难，现今的巧克力产品生产商尽可能少地使用可可脂作为巧克力香味的来源。他们大部分都以可可粉（约12%脂肪）作为香味配料，但容易使最终产品缺乏真正巧克力浓郁芳香、圆润幼滑、留香齿颊的香味与质感。

（3）可可粉

用于巧克力的商品可可粉一般含可可脂量为12%。可可粉中存在着一些天然色素——可可棕色和可可红色。巧克力的棕色外表就是由这种天然色素产生的。巧克力中可可粉含量不同，它的色泽程度就会有深有浅。

可可粉中含有可可质，可可质是产生可可苦味的物质，在巧克力中可可粉含量高而糖的比例相对地降低，这样的巧克力就偏苦，甜度也就低。反之，可可粉含量少，配料中糖的比例相应提高，这样的巧克力就比较甜。

（4）糖类

糖在巧克力中的含量为40%～60%，主要用作甜味剂、填充剂。

不同品质、风味的巧克力，砂糖含量不同。砂糖的成分、比例以不消除可可质的苦味来考虑；苦味巧克力，砂糖比例低；反之，甜味巧克力，砂糖比例高。

巧克力是低水分的制品，水分要求在1.5%以下；巧克力的加工过程和质量要求用低水分、干燥优质的砂糖。

3.辅料

（1）乳化剂

巧克力加工中添加表面活性剂能使巧克力黏度降低，起乳化、稀释作用，促进液状油脂和糖的微粒互相亲和、乳化，彼此联结在一起。通常应用的乳化剂是磷脂。

有实验证明,在含32%油脂的巧克力中,添加0.2%的磷脂量,能降低巧克力黏度,有利于巧克力的加工,但磷脂用量过多,会影响产品的品质、风味。一般用量以0.3%～0.5%为宜。

另外,也可采用具有类似特性的其他表面活性剂,如脂肪酸蔗糖酯、单硬脂酸甘油酯等。

(2)香料

在巧克力中添加微量的香料物质,来完善和加强巧克力总的芳香效果。通常使用的香料有香兰素、麦芽酚、乙基香兰素,用量为0.3%～0.5%。

4.配方举例

① 含糖配方:白砂糖40kg,可可液块50kg,可可脂10kg,卵磷脂0.3kg,香兰素50g,食盐300g。

② 无糖配方:低聚果糖(纯度≥90%)20kg,麦芽糖醇19.5kg,可可液块35kg,可可脂25kg,大豆磷脂0.5kg。

三、牛奶巧克力配方

与黑巧克力相比,牛奶巧克力的主要原料中增加了奶粉,如图11-6所示;整个配方的构成如图11-7所示。

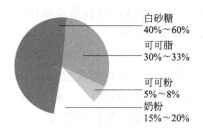

图11-6 牛奶巧克力的主料构成

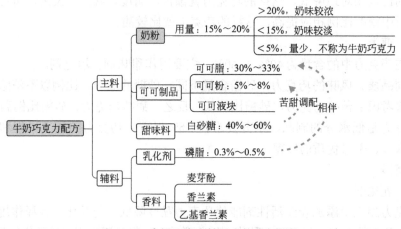

图11-7 牛奶巧克力的配方构成与配比

在巧克力中添加一定量的奶粉（全脂奶粉、脱脂奶粉），就获得具有奶味的巧克力，称为牛奶巧克力。巧克力中添加奶粉，不管是从风味方面，还是从营养方面来说，都可得到理想的效果，补充氨基酸、矿物质和维生素，增加巧克力的营养价值。

在巧克力组分比例中，奶粉含量在5%以下时，由于奶粉含量少，奶味产生不出来，因此不称牛奶巧克力，一般奶粉含量10%以上才称为牛奶巧克力。市售的牛奶巧克力，通常奶粉含量为15%～20%。奶粉含量为15%以下的牛奶巧克力，奶味较淡，20%以上的奶味较浓。

许多因素会影响牛奶巧克力的风味特征。原料方面，低含量的蔗糖会增加牛奶巧克力的烤香，而蔗糖含量过高会导致奶香、焦糖香的增加。不同类型乳粉的使用也会导致牛奶巧克力风味的变化。

但一般的配料大致如下：

可可酱料（含脂55%）	12%～18%
可可脂	15%～20%
结晶砂糖	42%～45%
全脂乳粉（含脂26%）	23%～25%
卵磷脂	0.3%

按照这一配料组成，其中总脂肪含量以重量计可达33%，以体积计可达46%。

配方举例如下。

① 含糖配方：白砂糖47kg，可可液块10kg，可可脂25kg，全脂奶粉18kg，香兰素60g，食盐300g，卵磷脂300g。

② 无糖配方：木糖醇30份，可可脂30份，可可粉19份，脱脂牛奶20份，卵磷脂1份。

③ 无糖配方：低聚异麦芽糖15份，砂糖15份，可可脂30份，可可粉19份，奶粉20份，卵磷脂1份。

四、白巧克力配方

白巧克力成分与牛奶巧克力基本相同，只是不含可可粉，乳制品和糖粉的含量相对较大，甜度高。它的配方就是在牛奶巧克力的基础上做减法，去掉可可粉。如图11-8所示。

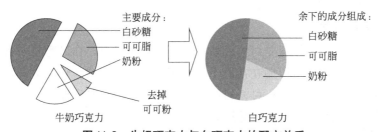

图11-8　牛奶巧克力与白巧克力的配方关系

第四节　黑巧克力、白巧克力、牛奶巧克力工艺设计

巧克力在常温下是一种光亮棕色的固体，其配料以不同组织状态存在其中，各种配料不但要经过高度分散，而且还要经过高度乳化，因此，精良的生产工艺技术和准确的物料配比决定了巧克力的整体品质和风味。

高品质的巧克力对于生产过程中的每一个步骤都有严格要求。生产过程需要大量的时间和极大的耐心。

一、工艺流程

黑巧克力、白巧克力、牛奶巧克力的工艺流程基本相同（如图11-9所示），调温工序略有差别，将在操作要点中说明。

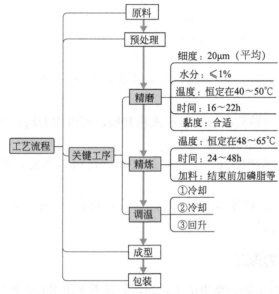

图11-9　巧克力的工艺流程

二、操作要点

1.原料的预处理

生产巧克力的主要原料是可可液块、可可粉、可可脂、白砂糖以及香料、表面活性剂等。可可液块、可可脂在常温下呈固态，投料前需要作熔化处理，使其具有流动性才能精磨。熔化后的可可酱料和可可脂的温度，一般应控制在不超过60℃为宜。熔化后的保温时间也应尽量缩短。

白砂糖的结晶颗粒比较大，口感比较粗糙，直接投放在巧克力酱中，巧克力原

有的细腻润滑性就会消失。因此，白砂糖往往先加工成糖粉（经过120目筛，细度均匀），然后再与其他原料相混合，并再做进一步的加工。

2.精磨

精磨是一道最基本的生产环节。它是在各种巧克力原料充分混合的基础上，在精磨设备中研磨，通过机械的不断摩擦、搓拉、挤压、剪切、撞击、滚压后，将原料的颗粒磨细到平均20μm，从而使巧克力一到嘴里就不会辨别出有任何的颗粒感，从而赋予巧克力细腻的感觉。

在精磨过程中，酱料的温度应保持恒定，如果作为分散介质的油脂没有变化，随着精磨过程的继续，分散在油脂中的颗粒增多了，物料的黏度必然增大，流散性降低，就会增加精磨的困难。所以，一般在精磨过程中并不把配方中的全部油脂都加入，而是逐步加入，使物料保持一定的黏度和温度。

精磨的工艺要求如下。

① 酱料的细度　经过精磨后，平均细度应达到20μm。在巧克力生产中，精磨是至关重要的环节，巧克力在这个环节中通过精磨机的作用，产生了细腻润滑的口感。

② 酱料的含水量　精磨机磨细的巧克力酱料，其含水量应以不超过1%为宜。

③ 酱料的温度　精磨机磨细的巧克力酱料，温度应恒定在40～50℃。在精磨环节，碾压巧克力会产生大量的热量，导致温度上升，过高的温度将会影响巧克力的口感，并且有损设备，因此需要将巧克力的温度稳定维持在40～50℃。

④ 精磨的时间　每一料的精磨时间应控制在16～22h。巧克力酱料用三辊或五辊精磨机加工，一般都能在短时间内完成。对于小型工厂来说，使用圆形精磨机，每连续磨一次的时间，一般应控制在18～20h之内为宜。

⑤ 酱料的黏度　配方的优劣和合理性、工艺是否对路、环境是否适合，这些都影响到酱料的黏度。因此，要在实践中寻找最佳配方和工艺要求。

把巧克力的各种原料通过精磨，加工到符合细度的要求，设备的选型十分重要。此外，按照不同的设备类型，确定合理的制作工艺，也是一个关键性的因素。目前，采用的巧克力精磨机主要有：五辊精磨机、三辊精磨机、球磨精磨机及刮板式精磨机。

在国内使用最多的是球磨精磨机，它的主体结构采用机械传动，利用搅拌器带动钢球进行研磨，其研磨出来的浆料细度不均匀，且研磨速度慢，导致生产效率低，用它制得的巧克力酱料生产的产品口感欠佳。与传统精磨机相比，五辊精磨机生产效率高，单位能耗低，精磨均匀，不但提高了巧克力的口感，而且提高了巧克力的营养。

3.精炼

精磨以后，巧克力入口即融化，已具备了细腻的基本特点，但是从本质上来说它还不具备那种润滑的感觉，巧克力物料虽然颗粒变小，但各种颗粒形状不规则，边缘锋利多棱角，口感粗糙。因此，接下的工序是精炼。

经过精炼，巧克力物料发生了物理和化学变化，各种物料被不断推撞和摩擦，变为光滑的球体，液态油脂均匀地包住被磨光的各种颗粒，形成了高度乳化的、均一的物态分散体系；在长时间的加工中，使其中的水分、不良气味得到了充分的挥发，从而使巧克力酱料的组织具有混合乳化均匀、色泽光亮动人、香味纯正醇厚、入口细腻润滑的基本特点。

精炼的工艺要求如下。

① 巧克力酱料在精炼机内的温度应恒定在48～65℃。温度条件的控制，随巧克力品种的不同而不同。

② 每一料的精炼时间控制在24～48h。优质的巧克力酱料，一般都有较长的精炼过程。

③ 精炼结束前，加入适量磷脂，调节酱料黏度，提高其抗氧化性。

4.调温

可可脂（cocoa butter，CB）是巧克力的主要原料之一，主要由98%甘三酯、1%游离脂肪酸、0.3%甘二酯和0.2%单甘酯等组成，有6种晶体形态，即Ⅰ～Ⅵ型，其稳定性见图11-10。

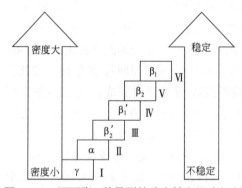

图11-10　可可脂6种晶型的稳定性和温度机制

由于可可脂具有复杂的结晶性，可通过多种不同的变性而结晶成多晶型脂肪，正是这些结晶的变化，影响着巧克力的物理特性。

γ型结晶的熔点为16～18℃，非常不稳定，约3s即转变成α型。可忽略。

α型结晶（Ⅰ型和Ⅱ型）：熔点17～23℃，室温下一小时转变为β′型结晶。质地软，易碎，易融化。

β′型结晶（Ⅲ型和Ⅳ型）：熔点25～28℃，室温下一个月转变为β型结晶。质地硬，不脆，易融化。

最稳定的β型结晶（Ⅴ型和Ⅵ型）：熔点为33～36℃，质地硬脆，融化温度接近人体体温。但是熔点最高的最稳定的Ⅵ型结晶粒子粗大，口感不佳，且表面会产生油斑（fat bloom），这也是巧克力放久了之后表面会形成一层"白霜"的原因。可可脂形成的最佳晶体形态是Ⅴ型，制得的巧克力有光泽，不易起霜，质量较好。

因此，添加可可脂的巧克力在加工过程中要进行适当的调温处理，使不稳定晶型转化为稳定晶型，改善巧克力质量。

调温的工艺要求（以黑巧克力为例）如下。

① 第一冷却阶段　将巧克力酱的温度从40℃冷却到29℃。在这一阶段中，开始形成可可脂的结晶。当温度稍有变动时，各种不同的可可脂晶型便会立即改变。

② 第二冷却阶段　将巧克力酱料的温度从29℃冷却到27℃。在这一阶段中，巧克力酱料中的可可脂迅速形成细小的结晶核。

③ 温度回升阶段　巧克力酱料的温度从27℃回升到29～30℃。在这一阶段中，使巧克力酱料中的可可脂晶型趋向基本一致，达到酱料调温的目的。

各种巧克力的调温要求也不完全一致，一般深色巧克力稍高一些，牛乳型巧克力的出料温度稍低一些。相对于黑巧克力调温的工艺要求，通常牛奶巧克力低1℃，白巧克力再低1℃。

调温是一项工艺性较强的过程，调温适宜，可以达到如下效果：①便于制品脱模；②使巧克力具有良好光泽；③使巧克力组织脆硬、细腻滑润；④增强巧克力制品的耐热性和热稳定性。

5.成型

巧克力酱经过适宜的调温后，应不失时机地立即成型，经不同成型方法，可制得形形色色的产品。

巧克力的成型方法主要有：浇注成型法、挤出成型法、轧制成型法、冲压成型法、涂布上衣法。

（1）浇注成型法

这是巧克力生产中最普遍的成型方法，可分为实心浇注成型、空心浇注成型。

① 实心浇注　是用泵将已经调温的巧克力酱定量注入模格中，经跳台振动，排去酱料中的空气，使酱料表面基本平整后，进入冷却隧道，使巧克力冷却凝固，形成固定形状的巧克力制品。

实心浇注最普遍，浇模时巧克力酱的温度应控制在28～29℃。

料温过高，黏度小，流散性好，操作方便；但温度高，凝结时间长，脱模困难，制品表面晦暗，甚至有发花发白现象；料温低，物料就会变得很稠厚，注模困难，单位块重也不易准确，同时较难排除物料内的气泡。因此，一定要控制好温度和黏度。

在浇模后，振动巧克力酱，以排除混入酱料中的气泡，使组织变得坚实紧密，并使酱料在模型里流散和凝固后达到一定的形状。

巧克力的冷却凝固一般都有预冷和冷却两个阶段。预冷阶段的温度一般控制在10～15℃，冷却阶段的温度一般控制在0～5℃。

② 空心浇注　空心浇注的模具为开合模，酱料浇入半模后，上下模合拢，模子绕轴转动，使酱料均匀分布于模腔四周，逐步凝固。也可将酱料浇注于一对半形

模中，待模腔壁上的巧克力适当凝固后，用抽浆泵抽去中心部位未凝酱料，然后将两半形模合拢（在未合拢前，两半巧克力的上平面边沿应稍热化），使黏合成一整体空心制品。

（2）挤出成型法

挤出成型采用与以往不同的方法使巧克力成型，所以给人全新的感觉。

挤出成型巧克力主要的种类有：针状巧克力、棒状巧克力、网状巧克力、特形巧克力、装裱巧克力、挂点扭花巧克力。

（3）轧制成型法

适用于制作如蛋形、球形等易滚动的实心巧克力制品。其原理是用一副刻有凹模的对合空心辊筒，内部通冷盐水，将已经调温的巧克力酱料注入两辊之间，使酱料流入各模腔内，同时两辊间留有约2mm的间隙，使迅速冷却凝固的颗粒连成片从辊上分离，进入冷却隧道，经一回转装置将大片分成若干小片，继而进入一带有8mm孔的不锈钢圆筛内，圆筛滚动将2mm的边子筛除，即得制品的坯子，再经抛光加工即可。

（4）冲压成型法

这是一种在板状制品表面加工立体图案的方法。利用上下凹凸冲压模具冲压成型。模具上雕有各种凹凸花纹，让包有铝箔的巧克力坯移至冲压工位，利用冲模的挤压力使巧克力与铝箔包装纸依模具表面图案变形，形成外表具有凹凸图案的制品。如"金币"等。

（5）涂布上衣法

这是为了在一个除巧克力外的其他芯料（如果仁类脆心、糖粉制作的片剂等）的外部，均匀涂上巧克力，并抛光。典型制品有脆心巧克力蛋、巧克力豆等。

6. 包装

在模具中凝固后脱出的巧克力，应立即进行包装。同时生产环境应符合工艺条件。

巧克力在包装时，应注意不碰伤、擦毛光亮的外表，产品表面不能留有指纹的痕迹，更不能将染有外来杂质、缺角、断裂等不符合质量要求的巧克力一起包装。

巧克力的包装形式有半机械和连续自动机械包装等多种方式。高速包装机一般都有反应灵敏的红外线传感装置，并与气动原件相组合，形成一套完整的自控系统。这类自动包装生产线，一般都与巧克力成型机部分相连接。

巧克力对热有很强的敏感性，良好的包装可以保护产品不变形，又可使巧克力的香气减少逃逸。巧克力制品的包装一定要用防潮包装，包装室的温度应为12～15℃，相对湿度应小于50%。包装好的产品要在温度15℃、相对湿度小于50%的条件下继续储存15～30d，以便巧克力结晶彻底稳定。

第十二章

抛光巧克力：设计、配方与工艺

Chapter 12

在众多巧克力中，抛光巧克力是比较有特色的一种，它在组织和风味上具有与众不同的特性，颇受国内外消费者的喜爱。

本章内容如图12-1所示，其中举例为代表性产品——果仁抛光巧克力、巧克力葡萄干、麦丽素、巧克力豆的配方与工艺设计。

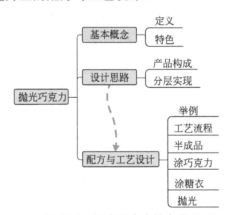

图 12-1　抛光巧克力的内容

第一节　抛光巧克力的基本概念

一、抛光巧克力的定义

抛光巧克力也称滚制巧克力，表面光亮、坚实，是巧克力制品中的一大类品种。

它由芯子、涂衣层和抛光层组成，适用于各种果仁、糖心、焙烤类制品、膨松米面类制品等作为芯子，在芯子外面，用滚动涂衣成型和抛光工艺覆盖巧克力酱、糖衣及抛光层，制成表面十分光滑、呈圆球形或扁圆球形等各种不同形状的颗粒体。

二、抛光巧克力的特色

抛光巧克力的特色主要有以下几方面。

① 耐热性　由于成品的外表面涂裹了一层糖衣，又经抛光，因此相对于普通巧克力产品而言，耐热性得以提高，在较炎热的季节里也能供应于市。

② 外观　由于经过抛光处理，表面十分光滑，呈圆球形、扁圆球形等各种不同形状的颗粒体，引人注目。

③ 组织与风味　比较特殊，如麦丽素等，具有浓厚的巧克力风味和奶香味，口感细腻、润滑，由于芯料多孔松脆，外糯内酥，甜而不腻。

④ 营养　比较丰富，例如涂层为牛奶巧克力的产品，含有脂肪、蛋白质、碳水化合物、矿物质和维生素A、D、E等，既保持了牛奶的营养成分，又含有一定热量，特别适合于营养补给和热量提供。

第二节　抛光巧克力设计思路

一、产品构成

我们把抛光巧克力从中间剖开，其构成如图12-2所示。其中，普通产品为A图，而以巧克力豆坯子作芯子，就没有巧克力层，其构成就为B图。

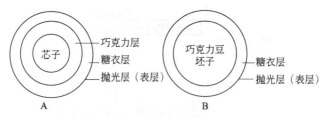

图12-2　抛光巧克力的产品构成

二、分层实现

将图12-2中的每一层与配方、工艺结合，就如表12-1所示，由此可以看出每一层是如何形成的，产品的配方与工艺也是由此对应实现的。

表12-1　产品构成与配方、工艺组成

序号	产品构成	配方组成	工艺组成
1	芯子	芯子的配料（或果仁、葡萄干等）	制芯子
2	巧克力层	巧克力酱料	① 制巧克力酱； ② 涂巧克力外衣→成圆→冷却
3	糖衣层	糖浆、糖粉、色素	涂糖衣→涂色素
4	抛光层	川蜡、树胶	抛光
5	成品		包装

第三节　抛光巧克力配方与工艺设计

按分层实现的原则，逐层介绍例子的配方与工艺。

一、举例

举例为四种具有代表性的产品：果仁巧克力、巧克力葡萄干、麦丽素、抛光巧克力豆。简介如下。

1.果仁巧克力

果仁巧克力又称为脆仁巧克力、巧克力花生豆。它以花生仁为芯子，再涂裹一层均匀的巧克力，经上光精制而成。花生又名长生果，具有丰富的营养价值，富含优等蛋白质、亚油酸和亚麻酸等多种营养成分。果仁巧克力把花生和巧克力的优良特性结合在一起，是集营养美味、口感柔和、色泽鲜艳于一身的老少皆宜的食品。

2.巧克力葡萄干

选用无核葡萄干为原料，外涂裹一层均匀的巧克力，经上光精制而成。具有光亮的外衣、宜人的巧克力奶香味，入口细腻、滑润、甜而不腻，外观硬脆，口感细腻柔软。

3.麦丽素

麦丽素牛奶朱古力（简称麦丽素）是由英文"My likes milk chocolates"翻译而来，意思是"我喜欢的牛奶巧克力"。它是用各种焙烤类制品、膨松米面类制品，外涂裹一层均匀的巧克力，经上光精制而成。这种产品有光亮的外形，芯料多孔，入口松脆，外糯内酥，甜而不腻，具有浓厚的巧克力风味和奶香味，备受人们喜爱。

4.抛光巧克力豆

采用纽扣状的巧克力豆坯子作芯子，外表面涂裹一层糖衣，经上光制成。由于其成品的外表涂裹了一层糖衣，又经抛光，因此产品的耐热性得以提高，在较炎热的季节里也能供应于市。

二、工艺流程

工艺流程如图12-3所示。其中，涂巧克力层和涂糖衣的先后次序可以互换，但先涂巧克力再涂糖衣的效果更好一些，能够较好地覆盖上巧克力外衣，反之会出现裸露的现象。

三、半成品

1.制芯子

（1）花生仁

① 挑选　挑选无霉变、不出芽、气味正常的花生仁，拣去虫蛀、霉变、半片

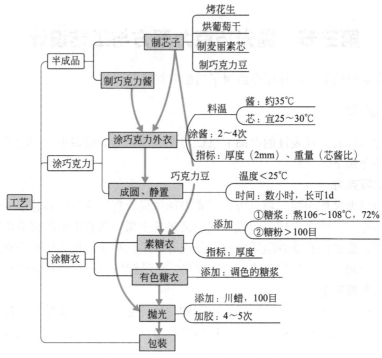

图 12-3　抛光巧克力的工艺流程图

的和颗粒过大及过小的，剔除石子、泥土等杂质，进行烘烤。

② 烘烤　烘烤有两种方式：烘箱，温度105℃，烘烤1～2h；旋转式烘炒机，温度150℃，烘烤26～28min。

烘烤达到的标准：a.色泽为牙黄色；b.酥脆、香味浓郁，有花生正常的香味，无焦煳味，无哈败味，无生味；c.无肉眼可见的杂质。

③ 冷却　将烘烤出来的花生迅速出料至冷却机上，使花生迅速冷却至常温，防止花生吸湿而降低酥脆度。

④ 脱皮　将冷却的花生输送至脱皮机中，脱去表面的红衣。注意脱皮的花生一定要冷却至常温，否则会因温度过高而影响脱皮效果。

（2）葡萄干

① 清洗、烘干　将选用的无核葡萄干挑选干净，除去果梗和杂物，基本保持颗粒大小一致。在清水中清净泥沙，然后置于强力鼓风干燥箱中烘干或自然晾干，烘干温度为50～60℃，大约3h，取出自然冷却。

② 挂糖浆　将冷却好的葡萄干投入34%～35%糖度的糖液中浸泡10～20s，使葡萄干表面均匀地挂一层糖浆液，然后控干糖液，进入涂衣工序。

由于葡萄干挂了糖浆，在后工序中涂巧克力后，不再涂糖衣，就进行抛光、包装。

（3）制麦丽素芯子

① 参考配方　奶粉30%～40%、糖粉12%～15%、糊精11%～12%、淀粉

11%～15%、麦芽糖11%～15%、小苏打0.3%～0.5%、碳酸氢铵0.15%～0.2%、水20%～25%。

② 工艺　奶粉是麦丽素的主要原料，要求无结块，纯净无异味。

白砂糖粉碎后经100目筛子过筛，在生产过程中，尽可能现用现粉，避免放置时间长而吸湿结块，影响产品质量。

芯子酱料的配制：采用多功能搅拌机（或多功能调速打蛋机），将奶粉、糖粉、糊精、淀粉等，经100目网过筛后倒入搅拌桶内，加入计量好的水，启动搅拌机，低速搅打10min，再加入小苏打、碳酸氢铵搅打2～3min后，即可注模。

所用打印的淀粉要烘干水分，装盘要填实，打出凹型模子，力求圆整，模内无塌粉，要轻拿轻放，以免影响芯子成型。

芯子烘焙温度为95～100℃，时间2～5h。烘焙过程中要勤观察，避免烘焙过分而焦黄。烘焙出箱后经筛粒、挑拣、称重后，放入密闭容器中备用。

（4）制巧克力豆坯子

纽扣状的巧克力豆坯子的成形，是在一对特定的成形滚筒中进行，滚筒装有冷却水循环装置，冷却水按工艺设定所需温度，一般为-20～-10℃。

每只滚筒外表面对称地开有所需块形尺寸的凹模。当两个滚筒的凹形调整到相应的位置时，在电机的驱动下做相对滚动。经调温后的巧克力酱定量地注入两滚筒中间，在两滚筒的滚压作用下，巧克力酱自动充入到凹模内，并通过成形区域冷却成形后，巧克力豆坯子便以滚筒凹模确定的形态从滚筒下方落下，通过输送带送入吹有冷风的风道中做缓冲冷却。经冷却后的巧克力豆坯子既硬又脆，便于后工序进行分离，在分离机的作用下，巧克力豆坯子周围的边屑料自动与巧克力豆坯子分开。

2.制巧克力酱

（1）配方

巧克力酱的配方构成，可以参考第十一章的内容。通常为牛奶巧克力，参考配方为：糖粉40%～50%，可可脂或类可可脂25%～30%，可可液块10%～18%，全脂奶粉8%～15%，磷脂0.4%～0.5%，香兰素适量。

（2）工艺

① 原料的预处理　可可液块、可可脂在常温下呈固态，投料前熔化，使其具有流动性才能精磨。熔化后的可可酱料与可可脂的温度，一般控制在不超过60℃。熔化后的保温时间尽量缩短。

白砂糖应选择精炼过的优质砂糖，并粉碎成糖粉，细度均匀。

奶粉有些会受湿结块，投料前应筛选，并除去杂质。

② 精磨　巧克力浆料用三辊或五辊精磨机加工，一般都能在短时间内完成。对于小型工厂来说，使用圆形精磨机，每连续磨一次，时间一般应控制在18～20h为宜，温度恒定在40～50℃，平均细度达到20μm，含水量不超过1%。

③ 精炼　在常规条件下，一般精炼24～28h，温度控制在48～65℃。

在精炼即将结束时，添加香料和磷脂，然后将巧克力酱移入保温缸内保温待用。保温缸温度控制在40～50℃为宜。

四、涂巧克力

抛光产品的涂衣抛光一般都是在抛光锅内进行的。要求在抛光锅上口装有冷热风管道。涂裹巧克力和成圆抛光锅最好要分开。

1.涂巧克力外衣

按抛光锅生产能力的1/3～1/2量，将制好的芯子倒入锅内，进行巧克力酱涂层。开动抛光锅的同时开启冷风，要求冷风温度控制在10℃以下，然后用勺子加入备用的巧克力酱。每次巧克力酱的加入量不宜太大，一般为1～1.5kg，待第一次加入的巧克力酱冷却结晶后，再加入下一次巧克力酱。如此反复循环3～4次，芯子外表面的巧克力酱一层层加厚，就可达到所要求的厚度。涂衣过程中为了防止黏着，可用木制圆头的搅拌器顺时搅拌。

通常厚度为2mm，最多至2.5mm；花生仁与巧克力酱的质量比为1：（1～3），葡萄干与巧克力酱的质量比约为1：1，麦丽素芯子与巧克力酱的质量比为（2.5～3）：1。

2.成圆、静置

成圆操作是在抛光锅内进行的。将上好衣的半成品移至干净的糖衣机中进行成圆处理，顾名思义就是借助抛光锅的旋转作用，使得已上完酱料的半成品在锅壁的摩擦力作用下，对半成品表面的凹凸不平之处进行修正，直至圆整为止。

然后取出，静置数小时，长则可为1d，使巧克力内部结构稳定为止。也就是使巧克力中的脂肪结晶更稳定，这样既可以提高巧克力的硬度，也可以增加抛光时的光亮度。

五、涂糖衣

1.涂素糖衣

涂裹糖衣用的糖浆，需要预先经过熬煮，然后置于容器内，冷却至约50℃，备用。

糖浆的配制：白砂糖97%～98%、葡萄糖2%～3%，按两者的总量加入35%的水，加热溶解至沸腾，搅拌，熬煮至106～108℃，浓度为72%时，离开热源，经冷却后备用。糖浆要现用现配，切勿使其返砂。

糖粉：采用优级白砂糖，经粉碎机粉碎，细度达100目以上，封存备用。

涂糖衣在旋转着的糖衣锅内进行。当前工序涂巧克力的半成品倒入抛光锅内时，开动糖衣锅及冷风，锅内的冷风温度控制在15℃以下，相对湿度在60%以下（最好控制相对湿度在30%以下）。在滚动着的半成品上面，先少量多次地加入糖浆，待确认半成品表面全部涂裹上一层糖浆后，再取糖浆300～500g泼入锅内，待还未完全干燥时，加入少量糖粉。这样往复循环，一次一次地加入，一点一点地加厚，直到所需厚度为止。

2.涂有色糖衣

有色糖浆的配制是在上述糖浆的基础上，按需要调入所需色素而成的。涂有色糖衣的工艺与素糖衣相同，即在已涂裹好的坯子上面少量多次地浇入颜色糖浆，同时开启热风，以加快颜色糖浆中水分的蒸发和表面的干燥。当色泽达到要求时，经缓慢干燥、冷却，最后进行抛光。

六、抛光

有两种抛光方式可供选择。

1.采用虫胶和阿拉伯树胶

首先配胶液：虫胶与无水酒精按1∶8配制；阿拉伯树胶按30%配制，水为溶剂。如果没有树胶可免去，只用虫胶上光也可以。

然后将静置好的半成品倒入抛光锅中，在冷风的配合下，分数次将虫胶酒精溶液加入，一直到能摩擦出满意的光亮度，再加入树胶溶液，再滚动，达到工艺要求的光亮度时，便可取出包装成品。

2.采用川蜡

挑选质地坚硬、手感粗糙无油质感、表面纹流明显、蜡质结晶粗大的川蜡，经特制粉碎机粉碎后过100目筛成粉状川蜡，备用。

然后将静置好的半成品倒入抛光锅中，分数次筛入少量的粉末状川蜡于旋转着的抛光锅内进行抛光，直至产品表面的光亮程度达到要求为止。然后取出，进行包装。

第十三章

代可可脂巧克力：
设计、配方与工艺

Chapter 13

天然可可脂是制作优良巧克力不可缺少的一项油脂成分。由于天然可可脂是从可可豆中制得的，原料生产受到气候条件的限制，产量远远满足不了巧克力生产发展的需要。一方面是由于天然可可脂产量有限，并且价格昂贵，另一方面则是因为巧克力市场需求的急剧扩大。

诸多不利因素迫使人们开始了天然可可脂替代品的研究，其意义在于两方面：一是大幅降低巧克力生产成本；二是大大增加巧克力产量。自20世纪50年代以来，可可脂代用品的发展极为迅速。

本章内容如图13-1所示。

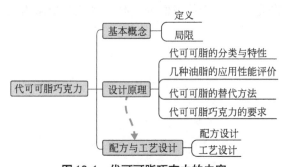

图13-1　代可可脂巧克力的内容

第一节　代可可脂巧克力的基本概念

一、代可可脂巧克力的定义

在GB/T 19343—2016《巧克力及巧克力制品、含代可可脂巧克力及代可可脂巧克力制品》中，对可可脂、代可可脂、代可可脂巧克力的定义如下。

可可脂（cocoa butter）：以纯可可豆为原料，经清理、筛选、焙炒、脱壳、磨浆、机榨等工艺制成的产品。

代可可脂（cocoa butter alternatives）：可全部或部分替代可可脂，来源于非可可的植物油脂（含类可可脂）。

代可可脂巧克力（cocoa butter alternatives chocolate）：以代可可脂等为主要原料，添加或不添加可可制品（可可脂、可可液块或可可粉）、食糖、乳制品、食品添加剂及食品营养强化剂，经特定工艺制成的在常温下保持固体或半固体状态，并具有巧克力风味和性状的食品。

在GB/T 19343—2016中，定义巧克力时，加注：非可可植物脂肪添加量占总质量分数≤5%。也就是说，代可可脂添加量超过5%（按原始配料计算）的产品就归为代可可脂巧克力。这就保障了消费者的知情权。

二、代可可脂巧克力的局限

天然可可脂在30℃左右时仍为固体状态，既硬且脆；升温至35℃，也就是稍低于人的口腔温度时，会全部熔化，残留固脂为零。

起初，代可可脂的开发与应用是出于功能上的需要，利用固态植物油脂添加到巧克力中，用以提高巧克力熔点；正是由于熔点的提高，代可可脂巧克力制品的储存和运输才更为方便。

从植物油中精炼出的代可可脂，具有接近天然可可脂的风味，作为油脂在产品中的添加符合营养、卫生要求。在代可可脂巧克力中，通常加入可可粉，所以，代可可脂巧克力在口感、质地和组织状态方面也比较接近可可脂巧克力。

虽然如此，但代可可脂的生产一般都采用氢化工艺，而这种氢化的植物油中含有大量的反式脂肪酸。反式脂肪酸会导致冠心病、静脉硬化等多种疾病，许多国家已经开始限制反式脂肪酸的使用。

对此，GB 7718—2011《食品安全国家标准 预包装食品标签通则》中规定，对于各种植物油或精炼植物油，如果经过氢化处理，在配料表中，应标示为"氢化"或"部分氢化"。GB 28050—2011《食品安全国家标准 预包装食品营养标签通则》中规定在食品配料中含有或生产过程中使用了氢化和（或）部分氢化油脂时，应标示反式脂肪（酸）含量。如果最终产品中反式脂肪酸含量低于"0"界限值，则标示为"0"。

当然，我们不能将代可可脂巧克力与可可脂巧克力对立起来，只要符合各自的国家标准，都是好产品。代可可脂巧克力的出现，本身就是科技进步的表现。

我国国内并不出产可可脂，所有原料都需要依靠进口，原料资源有限，并且成本很高，所以代可可脂巧克力将会继续存在，并得到发展。随着需求的进一步增长，代可可脂巧克力会有更大的发展空间。

第二节　代可可脂巧克力设计原理

一、代可可脂的分类与特性

代可可脂通常总称为可可脂代用品。根据所采用的油脂原料和加工工艺的不同，可可脂代用品可以分为代可可脂和类可可脂（cocoa butter equivalent，CBE）两大类，代可可脂又分为月桂酸型（cocoa butter substitute，CBS）和非月桂酸型（cocoa butter replace，CBR）两种。如图13-2所示。

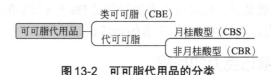

图13-2　可可脂代用品的分类

1.类可可脂

类可可脂（cocoa butter equivalent，CBE）是从天然植物脂中制取的，经过分馏提纯和配合制成，其三甘油酯的脂肪酸组成类似于天然可可脂，所以称"类可可脂"，又称"可可脂相等物"。

类可可脂在化学组分以及物理特性上与可可脂十分接近，因此与可可脂的相容性（或称共容性）很好。在不同温度下，可以以任意比例与可可脂相混合，其熔点几乎不降低，生产巧克力的工艺条件也不变。在制作巧克力产品时需要进行调温，所以，也称调温型硬脂。

在实际生产中，一般可以以5%～50%的量替代可可脂，用于巧克力产品的制作。另一方面也可使用100%的类可可脂制作巧克力制品。

类可可脂所制作的巧克力在应用性能、特性表现上与可可脂十分相似，如硬度、脆度、黏度、流动性、涂布性以及收缩性等。尤其在30～35℃时两者几乎完全一致。类可可脂巧克力的口味类似天然可可脂巧克力，口感同样香甜鲜美，无焦煳感。

类可可脂的优点是成本较低，并可增强巧克力的抗起霜能力和耐热性，从而延长了商品的货架期；缺点是原料油脂产量较低，来源有限。

2.月桂酸型

月桂酸型（cocoa butter substitute，CBS）是以椰子油、棕榈仁油等含月桂酸酯为主要成分的原料油脂，经选择氢化，改造其化学成分，再分提出其中接近于天然可可脂物理性能的部分。但三甘酯的组成与结构与天然可可脂不同。

它是由相对较短的碳链脂肪酸的甘油酯组成，其饱和程度较高，在20℃以下具有良好的硬度、脆性，而且具有良好的涂布性和口感。在生产过程中，能快速结晶，具有良好的收缩性，可有效节约加工冷却时间。用CBS油脂生产代可可脂巧克力及其制品时，无需经过调温工艺，也无需添加任何调温设备，省去了繁琐的调温工艺和步骤，操作十分简便。

CBS口溶性尚好，缺点是在储存中往往产生肥皂味，而且与天然可可脂相容性较差，制成的巧克力表面易冒霜发花。

一般适用于纯巧克力和涂料巧克力制品，因为它的相容性差，只能在不加天然可可脂的配方中使用。

3.非月桂酸型

非月桂酸型（cocoa butter replace，CBR）是一种利用豆油、花生油等植物油脂，经过选择氢化，再用溶剂结晶分提出其中物理性能近似于天然可可脂的部分。其碘值为 $52 \sim 67g/100g$，皂化值为 $186 \sim 200mgKOH/g$，熔点为 $34 \sim 40℃$。用CBR类型油脂生产代可可脂巧克力及其制品，无需调温，操作简便。

这种代可可脂在化学成分方面比月桂酸型代可可脂接近于天然可可脂，制成巧克力制品冒霜发花现象较少。这类硬脂具有与可可脂相似的硬度、脆性、收缩性和涂布性能，但与天然可可脂相容性较差，口溶性较慢。

这种非月桂型代可可脂，也宜与可可粉混合使用，在巧克力生产中具有较高的稳定性，较少发生酸败，产品具有较稳定的光泽和较长的货架寿命，因此在巧克力生产中依然得到应用。一般可以制作纯巧克力制品，也适合涂料巧克力制品，特别适合制作饼干、威化、蛋糕等涂层类产品，是当前一般巧克力生产上常用的代用原料。

二、几种油脂的应用性能评价

可可脂、类可可脂、代可可脂均是生产和制作巧克力及其制品不可缺少的成分之一，而在实际生产和应用过程中，需要根据不同的产品和使用性能选择合适的油脂，以达到不同领域的应用效果。可可脂与类可可脂是需要经过调温的油脂，而代可可脂系列油脂无需经过调温，这也导致了它们在不同应用性能上的差异。见表13-1。

表13-1　几种油脂的应用性能评价

产品类别	应用性能					适用范围		
	光泽度	结晶速率	口感	涂布性	调温	小块	涂层	其他
可可脂CB	++++	+++	++++	+++	需要	√	√	
类可可脂CBE	++++	+++	++++	+++	需要	√	√	
代可可脂CBS	++++	++++	++++	+++	不需要	√	√	冷饮等
代可可脂CBR	+++	+++	++	++++	不需要		√	

注：++++为好；+++为较好；++为一般。

三、代可可脂的替代方法

在巧克力及巧克力制品的生产过程中，对所用油脂的关注点有多个，如熔点、SFC（固体脂肪含量）、结晶速率、收缩性、口溶性等。

在巧克力配方中，常常含有多种不同性质的油脂，例如：奶粉中的乳脂，可可粉中的少量可可脂。如果添加可可脂，还需要考虑各种油脂的相容性。

使用反式异构型非月桂系代可可脂时，可可脂的量占总脂肪的20%为宜，若再添加可可粉和可可液块，巧克力的风味就更好了。

采用月桂系代可可脂时，需要控制可可脂的掺入量，可用含有微量可可脂的可可粉代替可可液块。为了延缓水解产生的肥皂味，应事先将可可粉加热至115℃以上，进行灭菌和使酶钝化。

总之，在巧克力配方中，或者以可可脂为主，或者以可可脂代用品为主。当一种油脂的比例超过总脂肪量的80%时，巧克力就不会发生表面起霜、组织疏松柔软等劣化现象。

四、代可可脂巧克力的要求

根据GB/T 19343—2016，代可可脂巧克力的感官要求为：具有产品应有的色泽、形态、组织、香味和滋味，无异味，无正常视力可见的外来杂质。其理化指标见表13-2。

表13-2 代可可脂巧克力及其制品的基本成分及理化指标

项目	代可可脂巧克力			代可可脂巧克力制品
	代可可脂黑巧克力	代可可脂白巧克力	代可可脂牛奶巧克力	
非脂可可固形物（以干物质计）/（g/100g） ≥	12	—	4.5	12（代可可脂黑巧克力部分），4.5（代可可脂牛奶巧克力部分）
总乳固体（以干物质计）/（g/100g） ≥	—	14	12	14（代可可脂白巧克力部分），12（代可可脂牛奶巧克力部分）
细度/μm ≤	35			—
干燥失重/% ≤	1.5			—
代可可脂巧克力制品中代可可脂巧克力的质量分数/（g/100g） ≥	—			25

第三节　代可可脂巧克力配方与工艺设计

一、配方设计

代可可脂巧克力配方举例见表13-3，对调温型和非调温型各分为牛奶巧克力型和黑巧克力型，各举两例。

表13-3　代可可脂巧克力配方举例

原料	调温型 /%				非调温型 /%			
	牛奶巧克力型		黑巧克力型		牛奶巧克力型		黑巧克力型	
白砂糖粉	45	45	47	58	43	45	55	55
全脂奶粉	28	10	—	—	10	—	—	—
脱脂奶粉	—	—	—	—	10	20	—	—
可可液块	12	8	40	20	—	—	—	—
可可粉	—	6	—	8	5	5	15	5
天然可可脂	9.5	15	8	10	—	—	—	—
代可可脂	—	—	—	—	32	29.5	29.5	24.5
类可可脂	5	12	5	8	—	—	—	—
卵磷脂	0.5	0.3	0.5	0.3	0.4	0.5	0.5	0.5

二、工艺设计

在这里介绍类可可脂巧克力的工艺，它相对多了调温工序；月桂酸型（CBS）和非月桂酸型（CBR）代可可脂巧克力的工艺可以参考它，并省去调温工序，操作更为简便（也可参见第十四章第四节）。

1.粉碎

按配方配料，将可可粉、白砂糖、奶粉等放入混料机中混合均匀，在高效能粉碎机中粉碎，调节粉碎机的间隙，控制物料的细度为 40 ～ 50μm。

2.精磨

巧克力酱的精磨是许多道生产环节中一项最基本的环节，酱料精磨的平均细度要求为 20 ～ 25μm，这样细度的巧克力产品具有一种细腻润滑的口感，香味也表现得均匀和顺。

将粉碎好的混合物料和部分类可可脂加入精磨缸内，保持 40 ～ 50℃的温度进行精磨。因为酱料在精磨过程中能产生大量的热量，而使巧克力料温不断上升，会使油脂黏度明显升高，使酱料增稠，流散性降低，导致脂肪与其他物料发生分离等，必须引起高度注意。

经过 18 ～ 22h 精磨后，添加剩余部分类可可脂、卵磷脂和香兰素。用物理方法测试结果，达到细度要求，便可以停止精磨，酱料可以转移到保温缸内保温，等待调温处理。

3.调温

调温过程就是调节物料温度的变化，使物料产生稳定的晶型，从而使巧克力质构稳定。未经调温或调温不好，不仅会使巧克力成型时发生困难而不便于脱模，而且还会使产品品质低劣，表面会呈现程度不同的晦暗或灰白现象，组织结构松散，缺少应有的脆性，耐热性较差。酱料经过正确调温后，巧克力物料的收缩性较好，产品外表光亮、色泽明快、组织结构质脆坚实。

类可可脂是按不同的熔程温度进行分馏提纯的，不同类型的类可可脂，其感温特性不同。类可可脂物料温度的控制一般都比可可脂的料温高 $1 \sim 2$℃，即可将物料温度从40℃冷却到$29 \sim 30$℃，再冷却到$27 \sim 28$℃，以完成油脂从不稳定晶型向稳定晶型转化的过程，此后，料温回升，从$27 \sim 28$℃回升到$30 \sim 31$℃，使酱料中油脂稳定晶型趋向一致，实现调温所需达到的目的。

4.浇模、硬化

浇模是把液态的巧克力酱浇入定量的模型内。此时，巧克力酱要严格控制温度和黏度。浇模前的起始温度就是调温后的最后温度，因此，调温后的酱料需要进行恒温。酱料温度过高，会破坏已经形成稳定晶型的油脂结晶；如果温度偏低，巧克力酱黏度大，造成浇模困难，气泡难以排除。

模板在浇模前也要适当加热，和酱料温度相适宜，否则酱料温度会再次发生上下变动，发生各种异常的现象，例如巧克力脱模困难，块形容易严重变形，巧克力表面光泽晦暗，有时甚至发花发白，组织松软，这样就丧失了调温的意义。

巧克力酱浇模后，都要经过机械振动，排除物料中存在的气泡，使巧克力质构紧密，形态完整。

巧克力浇模后的冷凝固化过程，不但要有相应的温度条件，而且还要有一定的冷却时间范围。类可可脂在冷却固化过程中的温度一般比可可脂要低 $3 \sim 4$℃，这有利于防止类可可脂巧克力表面油脂的析出，冷却温度应控制在4℃左右，冷却时间为 $25 \sim 30$min。考虑配合冷风吹拂，以帮助潜热尽早排出。当巧克力块的温度与冷却介质的温度达到平衡时，即表明巧克力的成型过程已经完成。

5.包装

经冷却硬化的巧克力，脱模后进行包装。包装不仅可以保持巧克力经久的外观和香味特征，而且还可以防热，防水汽侵袭，防香气逸失，防油脂析出，防霉变和虫蛀等。

包装温度控制在20℃左右，相对湿度不超过50%。

巧克力威化具有多孔性结构，饼片与饼片之间夹有馅料，外涂巧克力外衣，组织酥脆，入口即化，受到消费者的喜爱。

它的设计就是围绕它的构成进行分解与组合，如图14-1所示。

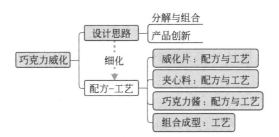

图14-1　巧克力威化的设计内容

第一节　巧克力威化设计思路

一、分解与组合

由巧克力威化的概念可以看出，它由威化片、夹心料和巧克力酱三部分组成。

① 威化片是由面粉、淀粉、油脂、水及化学疏松剂组成的浆料，经成型烘烤而成的疏松多孔薄片状的淡味饼干。

② 用几张这样的威化片，夹上各种不同类型和口味的夹心料，经冷却、切块后，就成为夹心威化。

③ 在夹心威化的外面再覆盖或涂上一层均匀的巧克力外衣酱，冷却硬化后，就成为巧克力威化。

由此，我们把巧克力威化的生产加工分解为2段：半成品加工（威化片、夹心料、巧克力酱）和组合成型。如图14-2所示，产品设计就是围绕这两段分步展开的。

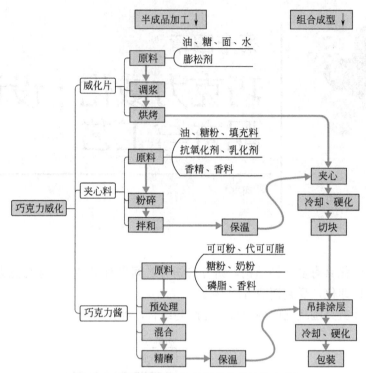

图14-2　巧克力威化的分段分步生产加工图

二、产品创新

产品创新通常从五个方面进行，如图14-3所示。

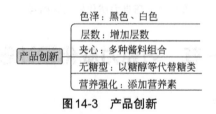

图14-3　产品创新

1.色泽

黑巧克力、牛奶巧克为黑色，白巧克力为白色，可以由此形成不同的色泽搭配。

2.层数

增加层数，例如，达到五层，分别为：巧克力＋牛奶层＋威化饼＋榛仁巧克力酱＋威化饼。由此追求不同的质构组合所带来的感觉，巧克力层柔滑，威化层酥软，一口咬下去，里面是浓浓的榛子酱夹心，形成特殊的感受。

3.夹心

可以添加不同的酱料，例如奶油酱、豆沙酱、巧克力酱、花生酱、胶凝果酱等，组合夹心配料，选择不同的主题，突出表现。例如，在"黑色巧克力"中添加

"蓝莓",在"牛奶巧克力"中添加"奶糖",在"白色巧克力"中添加"栗子",经过各种组合的反复试制,选出最适合的美味夹心。

4.无糖型

以糖醇代替糖类,制成无糖产品。

5.营养强化

在夹心酱料中有目的地添加营养素,进行营养强化。

第二节 威化片:配方与工艺

威化片是一种具有多孔性结构的饼片,松脆、入口易化是它的特点。

一、配方

威化片是由小麦粉、淀粉、白砂糖、油脂、水及化学疏松剂组成的浆料,经成型烘烤而成的疏松多孔薄片状淡味饼干。其基本原料配比,以小麦粉与淀粉总量为100%计,油脂的用量为1.5%～2.0%,水约为小麦粉量的140%～160%,疏松剂及色素适量。

面粉中的面筋含量一定要适中,面筋的筋度越低,威化饼干所得结晶晶格越好,口感越酥松。但是饼片太过松脆,会导致生产的破损率严重上升,浪费成本。面筋的筋度太高,会导致威化干硬,影响口感,失去威化片本身具有的特点。实验得知,面粉筋度为26%的面粉所制作的产品效果好,酥脆而又不会在生产中破损率太高。

油脂可提高威化片的酥松程度,改善风味。一般含油量高的饼干酥松可口,含油量低的饼干显得干硬,口味不好。但油加入量过高,则会带来油腻的口感。此外,油脂能层层分布在面团中,起着润滑作用,使威化口感酥松,入口易化。

参考配方如下。

① 以面粉质量计:面粉(筋度为26%)100%,玉米淀粉4%,棕榈油4%,碳酸氢铵0.4%,碳酸氢钠0.12%,水180%。

② 面粉82kg,玉米淀粉10kg,糯米粉8kg,鸡蛋粉0.5kg,白糖5kg,精炼植物油3kg,碳酸氢铵10～15g、香兰素10～20g。

③ 小米精粉5kg,小米粉(以干基计)22kg,精炼油1.4kg,小苏打0.5kg,碳酸氢铵0.5kg,水110kg,白糖20kg,奶油17.5kg。

二、工艺

1.原料处理

对原料进行质量检查,对面粉过筛,将白砂糖粉碎成糖粉。

2.调浆

制作威化单片的浆料,要求混有均匀的空气。这样通过烘烤,得到疏松的制品。因此，应按投料顺序操作。投料次序是：水→小麦粉→淀粉→碳酸氢钠＋碳酸氢铵→油脂→色素→香料。快速搅拌30～90s，待浆液打至用手掌捞起浆无粒状物，用丝网筛滤到面浆缸内。

面浆的含水量直接影响到威化片的品质，而且对操作也有一定影响。浆料太稀，会产生过多的边皮和头子，造成浪费；烘成的单片也太薄，容易脆裂而成废品。面浆太稠，容易产生缺角的"秃片"，废料也会增加。因此，要严格控制面浆浓度。

每次调好的面浆应在30min内用完，否则，会形成过量的面筋，影响威化片的正常生产，甚至无法使用。

3.烘烤

威化片的烘烤，是将单片浆料浇到威化烤模上，进行加热烘制而成。威化制片机的烤模温度应均匀一致，浇模前应先预热，使烤模达到要求的温度。

烘烤时可采用200℃以下、烘烤4～6 min的方式进行烘烤。

在烘烤过程中，浆料的变化分为三个阶段：①制片定性阶段，疏松剂发生剧烈的化学变化，面浆中的蛋白质开始凝固，淀粉糊化形成泡沫状；②脱水阶段，时间长，为2.5～3 min，蛋白质开始变性，淀粉也由部分糊化变成永久的糊化，体积开始收缩，水分降低到4%左右；③上色阶段，继续排出少量的水分，同时产生褐变反应，出现符合产品的颜色，并具有食品特有的香味。

第三节　夹心料：配方与工艺

一、配方

1.夹心料的配方构成（如图14-4所示）

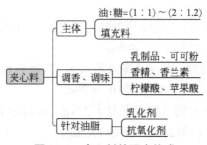

图14-4　夹心料的配方构成

（1）主体

夹心料的主体通常是油、糖、填充料。

油与糖的配比一般为1：1，可取（1：1）～（2：1.2），但是，有时为了解决夹心馅料与单片黏合脱开的问题，糖的比重可略大些。但会造成口味太甜，所以，以清淡味为宜，应适当降低糖的用量，增加膨化粉作填充剂和黏结剂。在夹心中加入一定量的填充料，如威化片的碎片粉末，可以明显降低甜度和成本。

夹心中的甜味剂是糖粉，常用的是白砂糖磨成的粉末。细度要求最好能通过100目以上的筛孔。最低限度要求食用时无颗粒的感觉；如果糖粉太粗，会有砂粒感，影响口感。

夹心浆料中油脂量较高，能否生产出优质夹心产品，关键取决于油脂的选择。一般用氢化油，也可用精炼植物油。选择油脂有以下四点要求。

① 较高的熔点　一般植物油熔点较低，常温下呈液体状态，在制作夹心产品时难以起到黏结作用。而高熔点油脂，常温下呈固态和半固态，夹心产品正是利用了这一特性。熔点最好在35℃以上。

② 良好的色调　上好的色泽除给人一种舒适的感觉外，还能提高食欲。而常用的白脱油的奶黄色调和精制起酥油的洁白光亮感，都能增进食饮和产生进食美感。

③ 理想的风味　风味是又一个增加食欲的因素。因此选用的油脂必须为经过脱臭处理的上等油脂，以求风味的纯正，具有高油脂产品的特有风味。

④ 可直接食用　因夹心威化不再经过高温烘烤，因此必须确保油脂的卫生质量。

（2）调香、调味

主要使用食用油质香精，如柠檬、橘子、椰子、杏仁、杨梅等香精。

增香剂为香兰素等。

为增加花色品种，在夹心中还可加入花生、芝麻、奶油、巧克力、可可粉、香兰素、桂花等其他配料。

在夹心中加入适量的柠檬酸、苹果酸，可制成带偏酸性的产品，提高其风味。

（3）针对油脂

常用的抗氧化剂有BHT和BHA、天然抗氧化剂维生素E；常用的乳化剂有单甘酯、蔗糖酯等。

2.配方举例

（1）硬化油35%，砂糖45%，全脂奶粉6.7%，奶油13%，香兰素0.05%，抗氧化剂0.25%。

（2）奶油（或高级硬化植物油）80kg，白砂糖粉（80目）40kg，威化片碎料粉（40目）10～12kg，香兰素50g，脱脂奶粉5kg，蔗糖酯200g，奶油香精25mL。

二、工艺

在搅拌机中先放入油脂、抗氧化剂、乳化剂、香料等，经适当搅拌以后，再加入糖粉、填充料，混合搅拌均匀，时间一般为3～5min。然后加入香精，再加压搅拌5～8min，通过搅拌充入大量空气，使得夹心的馅料体积膨大、疏松、洁白、比重轻，有助于改善成品的品质及降低成本。调好的心料应均匀、细腻、无颗粒。

如果搅拌桶的容量较大，油脂和糖粉的加入最好交替进行，即在搅拌桶内放入一部分油脂，然后放入一部分糖粉，再放一部分油脂，然后再放一部分糖粉……这样交替倒入，搅拌时可使夹心的成分均匀混合。

第四节　巧克力酱：配方与工艺

这里以代可可脂巧克力酱为例。

一、配方

配方举例如下。

1.代可可脂巧克力酱

糖粉45%～55%，硬脂（CBS）31%～35%，可可粉（含脂10%～12%）12%～16%，脱脂奶粉0～10%，磷脂0.4%。

2.代可可脂牛奶巧克力酱

糖粉43%，硬脂（CBS）32%，可可粉（含脂10%～12%）5%，脱脂奶粉10%，全脂奶粉10%，磷脂0.4%。

二、工艺

代可可脂巧克力酱的工艺如图14-5所示。

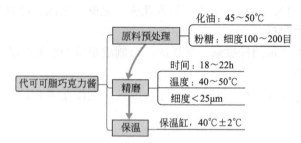

图14-5　代可可脂巧克力酱的工艺与参数

1.原料预处理

将代可可脂熔化，温度在60℃以下，通常为45～50℃；砂糖预先粉碎成一定细度的糖粉，通常为100～120目。

2.精磨

按配方准确称取各种原料。预留约5%的油脂，在精磨结束前1h与磷脂、香兰素一起加入。

精磨过程中，巧克力酱温度保持在40～45℃，精磨时间为18～22h，酱料细度应达到平均细度在25μm以下，含水量低于1%。

3.保温

涂层用巧克力酱料温度应为35～45℃，通常40℃±2℃水浴调温缸中保温，涂层时要不断搅拌，使之均匀。

第五节 组合成型：工艺

一、工艺流程

如图10-2所示，组装成型工段的工艺流程为：夹心→冷却、硬化→切块→吊排涂层→冷却、硬化→包装。

二、操作要点

1.夹心

威化片夹心，就是按一定的涂刮形式和重量要求，将已制备好的夹心料均匀涂刮到威化片的表面，然后依次将它们叠合，成为有两层威化片一层夹心料或三层威化片两层夹心料、五层威化片四层夹心料等形式的夹心威化。

（1）选片

挑选出片状不完整的饼片，调整方向不同的饼片，确保产品质量一致。

（2）涂夹心

利用叠片机进行夹心，一般是5层片、4层馅料。夹心的馅料由搅拌机经管道自动进入威化夹心机。在叠片机进行夹心馅料时，防止饼皮过软、流馅等现象发生。

涂夹心料的均匀度不仅关系到品质与口味，对成本也有很大影响。夹心料和饼干两者比例要适当，夹心料过多，会造成太甜或太腻，不能为大众所接受；夹心料过少，会失去产品特色。通常片子与夹心料的比例一般为（1∶2）～（1∶3）。

要求夹得均匀，不"大肚皮"，并要经常称重检查质量，一般单片的规格约为30g/张，夹心料厚3～4mm。

各种颜色的夹心馅料应分清，切不可混合，保持美观，防止掺味。

（3）压片

将经过夹心的威化饼块送到压片机进行压片处理，使饼干和夹心浆料黏结在一起。

2.冷却、硬化

（1）冷却的目的

涂刮在威化片上的夹心料，因为受夹心料温度和威化片温度的影响，硬化油脂仍处在液体状态。这就会造成威化片在涂刮夹心料后的叠合过程中，出现了黏结不牢的现象，因此应对它进行冷却。

（2）冷却操作

夹心威化片送冷冻机或冷却室，冷却温度应控制在2～8℃，冷却时间为25～30min。

3.切块

将大块已涂夹馅料的半成品在切割机上切块，去除切下的边料及破碎制品。

切割前首先对机器进行检查，为保证饼干的完整性，对其灵敏度要进行适度的调整。切出的饼干要及时称重，对不符合要求的要及时调整。切出的饼块要大小一致，切面平整，不含饼边，不脱边脱层，不带饼碎片。

4. 吊排涂层

制备好的巧克力外衣酱，一般都已预先存放在保温缸内保温。

巧克力酱的黏度高，会使巧克力涂层太厚，过高的黏度甚至会使涂层过程难以进行。所以调整巧克力酱的黏度是很重要的，黏度过高时，可以加入适量的磷脂来调节，使涂层过程能够正常进行。黏度可控制在45.5mPa·s左右。

巧克力是一类对热异常敏感的物质，在常温下多半是固体，到36℃以上，它就变成流散性的浆体，冷却后，它又会很快结块或凝成薄层。所以，巧克力酱的温度要适当，保证涂抹过程顺利进行。如果温度过高，不但使威化片软而黏，难以定型。因此，涂衣成型过程中要始终严格控制酱料的调温要求，并使酱料保持最稳定的工作温度。

5. 冷却、硬化

冷却是巧克力生产中非常重要的一个环节。冷却是为了巧克力中的流动相——脂肪在最短时间尽快结晶，并形成稳定晶体，达到一定比例的固体脂肪含量，可以满足产能和后续包装需要。

涂层后的产品应立即送入冷却区进行冷却。适当控制冷却区的温度、传送带速度和冷风速度。冷却温度为20℃，冷却时间为10～15min，风速为7m/s。

考虑到产品从冷却隧道出来后会接触到车间空气，冷却后期的温度可稍高，以取得温度和相对湿度之间的平衡。如果出口温度太低，就会因为和车间温度差异太大，水分很容易在巧克力表面凝结，形成水珠，这就是所谓的"露点"。

自然冷却或风扇冷却可能带来空气微生物污染。

6. 包装

产品在包装前须经过紫外光的瞬时杀菌，以确保产品的卫生指标符合国标要求。

经杀菌的产品进行包装，挑出不符合包装要求的产品，将符合质量要求的放入包装机传送带上。摆放时不要出现空档、出档、多饼现象，以免影响机器的包装能力。

观察包装机的运行情况和封口质量，发现异样时及时调整包装机。要求密封紧密、图案正中、平直不折、不漏、不跑白边、不跑电眼。

封口和检漏。仔细观察包装机运转情况和封口质量，发现异常及时调机，要求密封紧密、图案正中、平直不折、不漏、不焦。每隔30min检漏1次，方法是：双手轻轻挤压，不变形、胀鼓，表明不漏气。或用水检法：将包装放入水中轻轻挤压，如有气泡冒出，表明漏气，无气泡表明密封。

一般来说，巧克力威化产品的储藏仓库最好是阴凉、干燥并保持良好通风，温度15℃左右，相对湿度50%以下，就如同其他巧克力产品一样。

参考文献

[1] 张忠盛，赵发基. 新型糖果生产工艺与配方 [M]. 北京：中国轻工业出版社. 2014.

[2] 张忠盛，赵发基. 糖果巧克力生产技术问答 [M]. 北京：中国轻工业出版社. 2009.

[3] 蔡云升，张文治. 糖果巧克力生产工艺与配方 [M]. 北京：中国轻工业出版社. 2000.

[4] 陈丽兰，杨丽琼，闫志农，等. 响应面法优化花生糖粘合成型工艺 [J]. 农业机械，2012，（36）：82-86.

[5] 杨明辉. 明胶在各类糖果中的应用 [J]. 食品安全导刊，2011，（Z1）：68-69.

[6] 张殿敖. 方登及砂质奶糖生产技术 [J]. 食品工业，1998，（06）：12-14.

[7] 朱肇阳. 奶糖砂质化的工艺选择 [J]. 食品工业，2001，（06）：3-5.

[8] 翁其强. 求斯糖各组分影响及工艺参数 [J]. 食品工业科技，2001，（02）：45-46.

[9] 屠良才. 果汁求斯糖的研制 [J]. 食品工业科技，2008，（02）：28，30.

[10] 余祖春. 酥脆牛轧糖生产工艺的探讨 [J]. 现代食品科技，2012，28（01）：96-98.

[11] 郭卫强. 草莓果酱棉花糖的生产 [J]. 广州食品工业科技，2001，（02）：45-46.

[12] 朱保康. 棉花糖的制造 [J] . 上海食品科技，1984，（02）：43-46 .

[13] 汪祥华. 棉花糖新品种 猕猴桃软花糖 [J]. 食品工业科技，1980，（01）：33-34.

[14] 陈明月，陈淑梅. 淀粉软糖成型设备的设计要求 [J]. 中国机械工程，1993，（06）：58-59.

[15] 郭辰生. 淀粉软糖烘房设计要求 [J]. 食品工业，1991，（01）：5-6.

[16] 楚朝阳，张慜，李瑞杰. 加工工艺及参数对奶糖品质的影响 [J]. 食品与生物技术学报，2014，33（06）：611-617.

[17] 陈香芝. 改善奶糖和软糖品质和功能性的配方及工艺研究 [D]. 江南大学，2009.

[18] 楚朝阳，张慜，李瑞杰. 加工工艺及参数对奶糖品质的影响 [J]. 食品与生物技术学报，2014，33（06）：611-617.

[19] 沈彦昆. 改进奶糖品质的探讨 [J]. 食品工业，1998，（06）：4-5.

[20] 于淼. 乳化剂和方登在明胶糖果生产中的应用研究 [D]. 广州：华南理工大学，2014.

[21] 李玉发. 奶香型香味料的种类及合成方法 [J]. 安徽化工，2002，（05）：17-19.

[22] 顾小卫，赵国琦，郭鹏，等. 牛奶风味影响因素的研究进展 [J]. 乳业科学与技术，2010，33（02）：95-98，90.

[23] 赵军，卢德勋，马燕芬. 牛奶中风味物质及其影响因素 [J]. 中国奶牛，2008，（01）：47-49.

[24] 樊亚鸣，刘星，张殿全，等. 抗美拉德反应在特浓奶香硬糖中的应用 [J]. 食品科技，2002，（06）：15-17.

[25] 李永海. 乳脂糖果制作原理初探 [J]. 广州食品工业科技，1987，（04）：32-35.

[26] 符庆香，柴彭年. 关于太妃糖焦香化工艺的探讨 [J]. 食品工业科技，1983，（03）：23-26.

[27] 陈养政，蒋太培. 奶糖和太妃糖 [J]. 食品工业科技，1980，（01）：52.

[28] 张忠盛. 乳脂糖的物态质构及焦香化反应 [J]. 食品科学, 1984, (08): 28-32.

[29] 陈明爱. 太妃糖生产技术探讨 [J]. 食品工业, 2003, (06): 8-9.

[30] 黄克. 酥心糖的风味保持及抗氧化控制技术 [D]. 广州: 华南理工大学, 2012.

[31] 姚青云. 浅谈桂花夹心糖生产新工艺——与周勇同志商榷 [J]. 食品科学, 1994, (06): 41-42.

[32] 于立梅, 白卫东, 杨敏, 等. 赤藓糖醇芝麻酥心糖的研制及其功效评价 [J]. 仲恺农业工程学院学报, 2012, 25 (03): 30-31, 36.

[33] 翟淑敏. 酥糖制作技术 [J]. 食品研究与开发, 1987, (04): 10-12.

[34] 满其有. 酥心糖的生产 [J]. 上海食品科技, 1983, (02): 35-38, 34.

[35] 王荣发. 香酥糖生产工艺 [J]. 食品工业科技, 1996, (01): 72-73.

[36] 张延安. 徐州小孩酥糖的制作工艺 [J]. 食品科学, 1992, (06): 64.

[37] 刘忠强. 延缓酥心糖酸败的研究 [J]. 山东食品发酵, 1997, (04): 20-21.

[38] 赵希荣. 凝胶糖果生产中防粘物质的选择 [J]. 食品工业, 2001, (06): 17-18.

[39] 曹福averageRile. 上光与防粘剂在糖果巧克力方面的应用 [J]. 食品工业, 2000, (06): 4-6, 11.

[40] 杨哪, 徐学明, 黄莎莎, 等. 食品胶在凝胶糖果中的应用 [J]. 食品研究与开发, 2008, (07): 153-156.

[41] 赵希容. 凝胶糖果用防粘油的成分剖析 [J]. 食品科学, 2002, (11): 110-112.

[42] 陈明月, 陈淑梅. 淀粉软糖成型设备的设计要求 [J]. 中国机械工程, 1993, (06): 58-59.

[43] 廖兰, 芮汉明. 变性淀粉软糖生产工艺的研究 [J]. 食品工业科技, 2007, (09): 162-164, 168.

[44] 王海玲. 果胶软糖生产中的质量控制 [J]. 食品与机械, 1996, (05): 31-32.

[45] 胡师成. 果胶软糖生产中各组分和工艺条件的影响 [J]. 食品科学, 1985, (05): 24-25.

[46] 朱肇阳. 果胶与糖果 [J]. 食品工业科技, 1981, (04): 1-20.

[47] 王宝根, 方小东. 果胶在水果软糖中的应用 [J]. 食品科学, 1986, (01): 33-36.

[48] 郭卫强. QQ糖的生产技术 [J]. 广州食品工业科技, 2004, (04): 95-81.

[49] 凌朝阳. QQ糖的制作 [N]. 河北科技报, 2004-11-30, (004).

[50] 金玲. 旺仔QQ糖的制作工艺 [J]. 生意通, 2009, (11): 119-121.

[51] 翁其强. 口香糖中各组分的影响及配比 [J]. 食品工业, 1990, (04): 6-8.

[52] 张钟, 李军, 孙力军, 李先保, 等. 玉米营养保健口香糖的生产工艺及设备选型 [J]. 食品与机械, 2003, (04): 41-42.

[53] 龙倍甫. 泡泡糖口香糖生产过程简介 [J]. 食品工业, 1994, (04): 35-36.

[54] 李健. 口香糖制法简介 [J]. 食品科学, 1981, (05): 40-42.

[55] 宋琰. 口香糖生产技术 [J]. 粮食加工, 1992, (03): 36-37.

[56] 胡清, 黄新生. 口香糖生产技术 [J]. 食品科学, 1992, (03): 62-63.

[57] 王国军. 口香糖胶基的制备 [J]. 食品工业, 1996, (06): 14.

[58] 陈雄, 乔昕, 吴传茂. 无糖型生津泡泡糖的研制 [J]. 食品科技, 2000, (05): 27.

[59] 李海华, 周进东. 湿法制粒技术在颗粒剂的应用改进 [J]. 海南医学, 2004, (10): 112-113.

[60] 吴青, 孙远明, 刘文喜, 等. 保健型话梅润喉片的研制 [J]. 食品工业科技, 2001, (06): 49-52.

[61] 雨田, 张超, 孙佩, 等. 川明参咀嚼片配方与制备工艺研究 [J]. 食品研究与开发, 2015, 36 (19): 118-121.

[62] 周剑忠, 李莹, 单成俊, 等. 混料设计在葛根全粉咀嚼片配方研究中的应用 [J]. 食品科学, 2008, (07): 188-191.

[63] 宋居易，陈惠，魏亚凤，等. 混料设计在元麦咀嚼片配方研究中的应用 [J]. 江西农业学报，2017，29（07）：90-93.

[64] 秦晓威，吴刚，李付鹏，等. 可可种质资源果实色泽多样性分析 [J]. 热带作物学报，2016，37（02）：254-261.

[65] 马升堂. 世界可可地理 [J]. 热带地理，1985，（04）：248-257.

[66] 朱自慧. 世界可可业概况与发展海南可可业的建议 [J]. 热带农业科学，2003，（03）：28-33.

[67] 祝运海. 中国可可产业发展战略研究 [J]. 饮料工业，2014，17（05）：47-51.

[68] 邹冬梅. 海南省可可生产的现状、问题与建议 [J]. 广西热带农业，2003，（01）：38-39，42.

[69] 刘昱希，刘明学. 可可的种植·加工与产品发展 [J]. 安徽农业科学，2014，42（22）：7541-7544.

[70] 谷风林，房一明，刘红，等. 可可发酵过程中蛋白质降解与吡嗪类化合物变化分析 [J]. 热带作物学报，2012，33（12）：2267-2272.

[71] 房一明，谷风林，初众，等. 发酵方式对海南可可豆特性和风味的影响分析 [J]. 热带农业科学，2012，32（02）：71-75.

[72] 冯芸. 可可仁/粉碱化工艺的研究 [D]. 无锡，江南大学，2008.

[73] 谢元. 可可豆的焙炒 [J]. 食品工业科技，1991，（03）：26-30.

[74] 余诗庆，杜传来. 我国可可粉的应用和生产现状、问题分析与对策 [J]. 安徽技术师范学院学报，2005，（04）：24-30.

[75] 杨珊. 可可粉的质量标准研究 [D]. 武汉：湖北中医药大学，2013.

[76] 刘梦娅，刘建彬，何聪聪，等. 加纳可可脂与可可液块中挥发性成分分析 [J/OL]. 食品科学技术学报，2015，33（01）：69-74.

[77] 余诗庆. 可可液块及可可饼块国家标准的关键指标分析 [J]. 中国食品添加剂，2010，（05）：167-170，181.

[78] 秦晓威，郝朝运，吴刚，等. 可可种质资源多样性与创新利用研究进展 [J/OL]. 热带作物学报，2014，35（01）：188-194.

[79] 何瑞芳，张虹，毕艳兰，等. 配料对巧克力品质影响的研究进展 [J/OL]. 食品工业科技，2016，37（01）：368-373.

[80] 孙涓. 巧克力的生产工艺研究和质量控制 [J]. 广西工学院学报，1999，（4）：76-80.

[81] 王威. 彩色花生巧克力豆加工工艺技术及设备 [J]. 粮油加工（电子版），2014，（10）：75-76，80.

[82] 王福昌. 果仁巧克力制作新工艺 [J]. 食品科学，1990，（11）：25-27.

[83] 马全奎. 巧克力葡萄干生产工艺 [J]. 食品科技，1997，（06）：26.

[84] 冯作山，张启香，热合曼，等. 巧克力葡萄干的生产工艺研制 [J]. 食品工业科技，1997，（01）：47-49.

[85] 王秦. 麦丽素牛奶朱古力的制作工艺 [J]. 山东食品发酵，1997，（01）：12-14.

[86] 诸宁. 麦丽素牛奶朱古力的制作工艺 [J]. 中国乳品工业，1991，（05）：220-222.

[87] 王福昌. 抛光巧克力豆工艺简介 [J]. 食品工业，1990，（03）：5-7.

[88] 王红，巢强国，葛宇，等. 可可脂及其代用品的特性 [J]. 食品研究与开发，2009，30（04）：178-181.

[89] 孙晓洋，毕艳兰，杨国龙. 代可可脂、类可可脂、天然可可脂的组成及性质分析 [J]. 中国油脂，2007，（10）：38-42.

[90] 王红，巢强国，葛宇，等. 可可脂及其代用品的特性 [J]. 食品研究与开发，2009，30（04）：178-181.

[91] 孙晓洋，毕艳兰，杨国龙. 代可可脂、类可可脂、天然可可脂的组成及性质分析 [J]. 中国油

脂，2007，（10）：38-42.

[92] 夏恒连. 可可脂代用品的种类及其用法 [J]. 食品工业科技，1986，（03）：32-34.

[93] 王红，巢强国，葛宇，严罗美. 可可脂及其代用品的特性 [J]. 食品研究与开发，2009，30（04）：178-181.

[94] 梁军，胡永涛. 特种油脂在巧克力产品中的应用与发展 [J]. 农业机械，2011，（05）：77-81.

[95] 李晓航. 乌桕类可可脂在巧克力生产中的应用 [J]. 林产化工通讯，1992，（02）：26-28.

[96] 刘光亮，徐上志，徐春芳，等. 乌桕油脂生产巧克力技术 [J]. 食品科学，1989，（01）：25-28.

[97] 胡家源. 可可脂代用品（特种脂肪）的发展前景 [J]. 油脂科技，1984，（02）：1-7.

[98] 张力俊，张懋. 涂层工艺及参数对巧克力制品品质的影响 [J]. 食品与生物技术学报，2015，34（07）：685-690.

[99] 白卫东，钱敏，蔡培钿，等. 威化饼干饼皮工艺的研究 [J]. 现代食品科技，2008，（11）：1148-1150，1163.